火电厂
安全经济运行与管理

保定电力职业技术学院
河北国华定洲发电有限责任公司
联合组织编写

杨作梁 主 编

温新宇 李永玲 副主编

化学工业出版社
·北京·

图书在版编目（CIP）数据

火电厂安全经济运行与管理/杨作梁主编. —北京：化学工业出版社，2013.9（2018.10 重印）
ISBN 978-7-122-18015-5

Ⅰ.①火… Ⅱ.①杨… Ⅲ.①火电厂-安全管理 Ⅳ.①TM621.9

中国版本图书馆 CIP 数据核字（2013）第 165902 号

责任编辑：刘丽宏　　文字编辑：昝景岩
装帧设计：刘丽华

出版发行：化学工业出版社（北京市东城区青年湖南街 13 号　邮政编码 100011）
印　　装：北京七彩京通数码快印有限公司
710mm×1000mm　1/16　印张 13¼　字数 252 千字
2018 年 10 月北京第 1 版第 2 次印刷

购书咨询：010-64518888　　售后服务：010-64518899
网　　址：http://www.cip.com.cn
凡购买本书，如有缺损质量问题，本社销售中心负责调换。

定　　价：48.00 元

前言
FOREWORD

为了充分体现高等职业技术教育“基于工作过程”的教学理念，弥补教学内容的不足，针对“火电厂集控运行”和“电厂热能动力装置”专业学生职业能力培养需要，保定电力职业技术学院联合河北国华定洲发电有限责任公司的生产运行管理专家，共同编写了本书。本书为校企合作编写的教材，教学内容贴近现场生产需要，作为教材更具有实用价值。

本书以电力生产的两大主题——“安全”与“经济”为切入点，分别从制度保证、措施防范的角度介绍了火电生产的有关规章制度和防范事故的具体措施；从小指标的角度介绍了提高火电厂运行经济性的手段，并介绍了“耗差分析法”等热经济性计算方法。除此之外，还介绍了火电厂目前推崇的“对标管理”和“点检与定修管理”的基本内容。通过学习本教材，可以使“火电厂集控运行”和“电厂热能动力装置”专业学生的专业知识更加丰富，分析、解决问题的能力更加全面，有效地缩短学校教育与电厂生产的距离。

本书通俗易懂，针对性强，不仅适合学校教学，可作为高职院校火电厂采控运行和电厂热能动力装置专业的教材，而且还可作为火电厂对运行人员上岗培训和全能型值班员培训的教材。

本书由保定电力职业技术学院杨作梁主编，河北国华定洲发电有限责任公司温新宇和保定电力职业技术学院李永玲副主编，保定电力职业技术学院沈耀阳参编。其中，绪论、第 1 章、第 2 章由温新宇、杨作梁联合编写，第 3 章～第 5 章由杨作梁、沈耀阳联合编写，第 6 章由李永玲编写。

全书由河北国华定洲发电有限责任公司贾志广教授级高级工程师主审，保定电力职业技术学院郝杰高级讲师审阅了初稿，田智敏副教授审阅了终稿。他们对本书进行了认真审阅，并提出了很多宝贵的修改建议，在此谨表诚挚感谢！

本书在编写过程中得到了保定电力职业技术学院、河北国华定洲发电有限责任公司等单位的大力支持，并参阅了众多专业技术资料，在此一并表示感谢！

由于时间紧迫，编者水平所限，疏漏之处在所难免，敬请读者批评指正。

编者

目录

CONTENTS

绪 论

第1章 火电厂运行管理制度

第2章 火电厂事故预防

第5章　火电厂运行指标管理与经济运行

绪论

0.1 对火电厂运行的基本要求

现代火力发电厂（以下简称火电厂）是由大量各种各样的机械装置和电工设备所构成的，回转设备数以百计，用于运行控制、调节的阀门、挡板和电气开关数以千计。为了生产电能和热能，这些装置和设备必须协调动作，达到安全经济生产的目的，这项工作就是火电厂的运行。为了保证炉、机、电等主要设备及各系统的辅助设备的安全经济运行，必须严格执行一系列运行规程和规章制度。

火电厂的运行主要包括三个方面，即：启动和停机、经济运行、故障与对策。对火电厂运行的基本要求是保证安全性、经济性和电能的质量。

火电厂如不能安全运行，就会造成人身伤亡、设备损坏和事故，而且不能连续向用户供电，酿成重大经济损失。保证安全运行的基本要求是：

① 设备制造、安装、检修的质量要优良；

② 遵守调度指令要求，严格按照运行规程对设备的启动与停机以及负荷的调节进行操作；

③ 监视和记录各项运行参数，以便尽早发现运行偏差和异常现象，并及时排除故障；

④ 巡回监视运行中的设备及系统是否处于良好状态，以便及时发现故障原因，采取预防措施；

⑤ 定期测试各项保护装置，以确保其动作准确、可靠。

火电厂的运行费用主要是燃料费。因此，采用高效率的运行方式以减少燃料消耗费是非常重要的。具体措施有以下三点：

① 滑参数起停。滑参数启动可以缩短启动时间，具有传热效果好、带负荷早、汽水损失少等优点。滑参数停机可以使机组快速冷却，缩短检修停机时间，提高设备利用率和经济性。

② 加强燃料管理和设备的运行管理。定期检查设备状态、运行工况，进行各种热平衡和指标计算，以便及时采取措施减少热损失。

③ 根据各类设备的运行性能及其相互间的协调、制约关系，维持各机组在具有最佳综合经济效益的工况下运行；在电厂负荷变动时，按照各台机组间最佳负荷分配方式进行机组出力的增、减调度。

火电厂在安全、经济运行的情况下，还要保证电能的质量指标，即在负荷变化的情况下，通过调整以保持电压和频率的额定值，满足用户的要求。

0.2 火电厂的组织机构

我国火电厂随社会背景的不同，设有不同的组织机构。

20 世纪 50 年代火电厂设置的生产管理机构为：厂部设生技（生产技术）、计划、材料、财务、人事、保卫、行政 7 个科和锅炉、汽机、电气、化学、检修 5 个分场（车间）及热工室。

20 世纪 60 年代把原分场建制改为连队建制，即：锅炉、汽机、电气、化学、输煤、热工 6 个运行班划为一连，锅炉、输煤检修班划为二连，汽轮机、化学检修班划为三连，电气、热工修试班划为四连，修配与土建合并为五连。

20 世纪 70 年代撤销行政机构和连队建制，恢复原来的管理科室和生产车间建制，设置生技、计划、财务、劳资、行政、基建 6 个科，锅炉、汽机、电气、化学、热工、输煤、修配、土建 8 个车间。

20 世纪 90 年代按照原国家能源部颁发的《关于新型电厂实行新管理办法的若干意见的通知》精神，并借鉴国外现代火力发电厂管理经验，火电厂管理机构定为“六部一会”，即：行政事务部、经营管理部、政治（监督）部、生产部、运行部、安监部和工会。

到了 21 世纪，火力发电厂广泛实行董事会领导下的总经理负责制，建立了基于生产部制的新型火力发电厂组织结构模式。这种管理方式是近十多年来电厂生产管理的一种改革。其思路是：根据电力生产的连续性、各环节的相关性和整个生产过程的整体性的规律特点，将电力生产分成日常生产运行的正常管理和生产设备的检修、维护管理两大块，即运行部（或发电部）和检修部（或设备部），另外考虑火电厂生产计划、安全监督、职工教育及其他公共和综合管理需要，成立了相应的职能部门。图 0-1 所示为某大型火力发电厂的组织机构。

火电厂的生产及管理部门主要包括：发电部、设备部和安全监察部。其中，

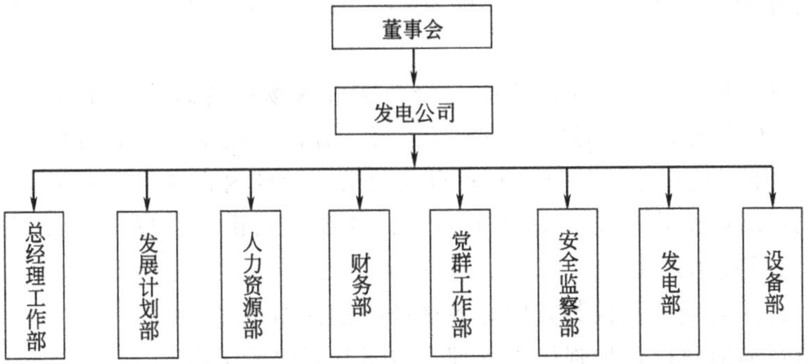

图 0-1　大型火力发电厂的组织机构

发电部的工作岗位主要包括：主任、副主任、运行支持系统主管、锅炉运行专工、汽轮机运行专工、电气运行专工、水工化学运行专工、燃料除灰运行专工、节能可靠性主管、值长、单元长、主值班员、副值班员、巡检员、化学主值班员、化学副值班员及化验员等。设备部的工作岗位主要包括：主任、副主任、锅炉专业主管、汽轮机专业主管、电气专业主管、热控专业主管、锅炉点检、汽轮机点检、电气点检、热控点检、化学主管、通信主管、金属监督主管、热控维护（锅炉岛）、热控维护（汽轮机岛）、电气维护（继电保护）、综合试验等。安全监察部的工作岗位主要包括：主任、安全主管、监察主管、环保消防主管、综合主管等。通过上述岗位人员的通力合作，可以保证发电设备的安全、经济运行。

0.3 集控运行人员的岗位职责

0.3.1 值长

(1) 职能范围与工作内容

① 正确执行电网调度指令和生产调度计划，为提高经济效益合理安排机组运行。

② 正确执行各项生产规章制度和上级命令，并负责做好本值人员的行政管理和政治思想工作。

③ 贯彻执行岗位责任制，正确调度机组启、停和负荷分配，组织运行人员进行监视、维护、调整、故障处理、停止等项工作。

④ 定期对全厂各岗位进行巡视检查，认真做好设备管理工作，发现异常情况及时组织力量进行处理。

⑤ 组织并指挥事故处理，认真做好事故预想和运行分析工作。

⑥ 合理调整运行方式，保证设备和系统安全、经济运行。

⑦ 坚持“安全第一、文明生产”，严格执行“两票三制”制度。

⑧ 搞好节能工作，抓好小指标竞赛，努力做到使机组各参数“压红线”运行。

⑨ 认真听取各岗位人员的汇报，全面掌握现场设备缺陷，发现影响机组安全经济运行的重大缺陷及时向有关领导汇报，并监督设备维护部门及时处理，做好交接班工作。填写好值长日志和各有关记录，做到内容详实、字迹清晰。

⑩ 抓好培训工作，组织好技术问答、现场考问讲解、反事故演习等活动，提高本值人员技术素质。

⑪ 认真落实经济责任制，做好各项经济指标的考核工作。

⑫ 搞好本值建设，加强民主管理，组织开展政治学习。

(2) 工作责任

① 全面负责本值工作，是本值安全生产、文明生产的第一责任人，安全上对发电部主任负责。

② 当值期间负责全厂设备安全、经济运行和文明生产。

③ 负责监督、检查、考核本值人员的值班纪律和劳动纪律。

④ 对汽轮发电机组各设备、系统的投运、退出、事故处理和检修的各项安全措施负责。

⑤ 制止和纠正违章作业，禁止无关人员进入生产现场，保护好事故现场。

(3) 工作协作关系

① 行政上受发电部主任、副主任的领导，技术上接受总工程师的指导，受公司委托，当班全面调度生产事宜。

② 生产上执行电网的调度指令和公司安排的生产调度计划。

③ 值长是本值各岗位行政、生产、技术的领导者和指挥者。

④ 安全上接受安全监察部的监督和考核。

⑤ 设备、系统有缺陷需要检修时尽快联系设备维护人员处理。

⑥ 遇有紧急情况时，如事故处理，有权调动厂内有关部门配合，如消防车、保安人员等。

0.3.2 集控运行机长（或单元长）

(1) 集控运行机长（或单元长）的职责 在值长的领导下，带领本机组人员对所属设备进行监视、启、停、设备或电源倒换、正常维护和事故处理，并督促检查本机组的定期工作和巡回检查制度的执行情况，保证本机组的安全、经济运行。

(2) 工作内容要求与方法

① 负责直接操作和组织汽轮发电机组所有设备和系统的启动、试验、监视、维护、调整、停运、故障处理等项工作。

② 坚持“安全第一、预防为主”的方针，对管辖设备和系统进行定期巡视

检查，认真做好设备缺陷管理工作，正确、果断处理故障，发现设备缺陷及时联系有关人员处理和填写缺陷单。

③ 协助值长组织事故处理和事故预想及运行分析。

④ 协助值长合理调整运行方式，做好节能降耗工作，抓好小指标竞赛，努力做到“压红线”运行，保证做好设备和系统的安全、经济运行，并做好设备和系统的定期试验和定期切换工作。

⑤ 严格执行工作票、操作票、作业安全措施票制度，负责审批全部操作票和工作票，并根据操作任务合理安排操作人和监护人，下达正确的操作命令，对违反规程的不正确操作及时进行制止和纠正，并做好设备检修前的安全措施和检修后的验收工作。

⑥ 认真听取各副机长汇报，做好交接班工作。填写好机长日志和各有关记录，内容详实，字迹清晰。

⑦ 对本机组人员违反《运行规程》、《电业安全规程》和严重违反劳动纪律时，给予批评劝教，无效时交于值长处理。

⑧ 协助值长做好本机组的培训工作和反事故演习等工作，提高全班人员的技术素质。

⑨ 协助值长搞好班组建设，负责监督、检查本机组人员的值班纪律和劳动纪律，认真落实各项经济责任制，加强民主管理，组织开展政治学习，做好分管的各项工作。

⑩ 机长离开主控，应向副机长说明去向，并征得值长同意，各机长不得同时离开主控，正、副机长不得同时离开主控室。

0.3.3 集控运行主值班员（简称主值）

(1) 集控运行主值班员的职责 在值长的领导下，协助机长进行正常监视、启、停、设备或电源倒换、正常维护和事故处理，保证本机组的安全、经济运行，当机长不在时，经机长指定有权代理机长职务，行使机长职责。

(2) 工作内容要求与方法

① 负责直接操作和组织汽轮发电机组所有设备和系统的启动、试验、监视、维护、调整、停运、故障处理等项工作。

② 坚持“安全第一、预防为主”的方针，对管辖设备和系统进行定期巡视检查，认真做好设备缺陷管理工作，正确、果断处理故障，发现设备缺陷及时联系有关人员处理和填写缺陷单。

③ 协助机长组织巡检员做好事故处理和事故预想及运行分析。

④ 协助机长合理调整运行方式，做好节能降耗工作，抓好小指标竞赛，努力做到“压红线”运行，保证做好设备和系统的安全、经济运行，并做好设备和系统的定期试验和定期切换工作。

⑤ 严格执行工作票、操作票、作业安全措施票制度，负责办理本机组的工作票、操作票、动火票和设备系统检修安全措施的实施、执行和落实。做好设备检修前的安全措施和检修后的验收工作。

⑥ 在向机长汇报的情况下，完成对公用系统操作、运行方式和重要系统倒换及重要试验。

⑦ 对本机组人员违反《运行规程》、《电业安全规程》和严重违反劳动纪律时，给予批评劝教，无效时交于机长处理。

⑧ 做好本机组巡检员的培训工作和反事故演习等工作，提高全班人员的技术素质。

0.3.4 集控运行副值班员（简称副值）

(1) 集控运行副值班员的职责 在机长的领导下，配合主值班员，完成定期工作、巡回检查及现场操作任务，保证机组安全经济运行。

(2) 工作内容要求与方法

① 负责直接操作汽轮发电机组所有现场设备和系统的启动、试验、监视、维护、调整、停运、故障处理等项工作。

② 对管辖设备和系统进行定期巡视检查，认真做好设备缺陷管理工作。

③ 合理调整运行方式，确保做好设备和系统的安全、经济运行。

④ 在副机长的指挥下，做好设备和系统的定期试验和定期切换工作。

⑤ 在副机长的指挥下，搞好节能降耗工作，抓好小指标竞赛，努力做到“压红线”运行。

⑥ 严格执行工作票、操作票、作业安全措施票制度，做好事故预想，正确、果断处理故障，发现设备缺陷及时联系有关人员处理和填写缺陷单。做好设备检修前的安全措施和检修后的验收工作。

⑦ 经常检查设备的标志是否齐全，保持工作环境卫生整洁，完成领导交给的任务。

0.3.5 集控运行巡检员

(1) 集控运行巡检员的职责 在主值班员的领导下，配合副值班员，完成定期工作、巡回检查及现场操作任务，搞好机组安全经济运行。

(2) 工作内容要求与方法

① 负责直接操作汽轮发电机组所有设备和系统的启动、试验、监视、维护、调整、停运、故障处理等项工作。

② 对管辖设备和系统进行定期巡视检查，认真做好设备缺陷管理工作。

③ 合理调整运行方式，确保做好设备和系统的安全、经济运行。

④ 在机长的指挥下，做好设备和系统的定期试验和定期切换工作。

⑤ 在机长的指挥下，搞好节能降耗和小指标竞赛工作。

⑥ 严格执行工作票、操作票、作业安全措施票制度，做好事故预想，正确、果断处理故障，发现设备缺陷及时联系有关人员处理和填写缺陷单。做好设备检修前的安全措施和检修后的验收工作。

⑦ 经常检查设备的标志是否齐全，保持工作环境卫生整洁，完成领导交给的任务。

0.4 运行岗位监盘管理制度

为了规范运行监盘管理，保证运行人员监盘质量，避免人为操作失误或事故的发生，火电厂运行人员必须严格遵守监盘管理制度。

0.4.1 监盘岗位设置

不同电厂对监盘岗位设置不尽相同，比如某电厂的监盘岗位做了如下设置：

① 集控运行监盘岗位每台机组设三个岗：主值、副值、主巡检。

② 除灰脱硫运行监盘岗位设两个岗：除灰主值、除灰副值。

③ 化学运行监盘岗位：化学主值或值班员。

④ 燃料项目部运行监盘岗位根据地点划分，输煤集控室：集控主值；翻车机控制室：翻车机司机；入厂煤采样机：采样机司机；斗轮机室：斗轮机司机。

⑤ 取水泵房监盘岗位：值班员。

0.4.2 运行岗位监盘人员的职责

① 严格执行《运行岗位监盘管理制度》。

② 负责对所有画面的监视检查及操作。

③ 必须熟悉所有画面的系统布置方式，熟悉所有的报警及参数指示的含义。

④ 必须熟悉画面所有设备的启停及开关方式，熟悉画面间的各种切换方式。

⑤ 必须熟悉利用画面进行事故追忆和曲线分析。

⑥ 监盘人员发现重要的异常情况，如系统运行方式变化、参数变化、报警、画面死机等必须立即汇报值长或班长（化学除灰脱硫运行监盘人员应汇报主值），派值班员进行就地核实检查，并对异常情况进行分析、判断，及时正确处理。

⑦ 主值应对本岗位管辖设备负责，对其他监盘人员所监视、操作的系统、设备负管理责任。

⑧ 执行过程中，如发现问题，及时向部门管理人员提出修改意见。

0.4.3 运行岗位监盘要求

① 集控监盘工作由当班运行岗位人员负责完成，集控主值和副值不允许同时离开监盘位置，监盘人员不得少于两人。

② 集控副值、主巡检协助主值进行监盘操作及完成本岗位负责的系统监视与操作，主值临时离开时由副值负责。

③ 集控副值、主巡检进行操作时，应由主值进行监护，必须得到主值同意后进行。

④ 集控监盘人员必须每小时对所管辖设备画面进行巡视一遍，至少每小时对所辖设备的参数趋势线查阅一遍，异常设备增加巡视频次，每班对所辖设备及参数异常变化开展一次岗位分析。

⑤ 集控监盘人员至少每 2 小时打开一次主要备用设备启动操作界面，检查确认备用设备启动条件是否满足。

⑥ 化学运行水处理两名值班员以及主值不得同时离开水处理控制室监盘位置，监盘人员每小时对所管辖设备画面至少巡视一遍，并查阅所辖设备的参数趋势线，设备异常状态时应根据情况增加巡视频次。

⑦ 单人值班监盘的控制室（输煤集控室、翻车机控制室、入厂煤采样机、斗轮机室、取水泵值班室），在设备运行的情况下，没有对应岗位接替不允许离开控制室。

⑧ 除灰主值负责脱硫系统监盘，除灰副值负责除灰系统监盘。监盘人员离开时，必须指定具备资格的值班员监盘，且除灰主值、副值不得同时离开控制室。

⑨ 在重要操作过程中或发生事故时，不得更换监盘人员，待事故处理完毕或操作告一段落后，且接替人员已将运行情况了解清楚后汇报值长或主值（机长），方可进行交接。

⑩ 监盘时，监盘人员应注意力集中，严禁做其他与监盘工作无关的事情。

⑪ 其他人员在得到主值许可的情况下，可到盘前熟悉画面，但不得妨碍监盘人员的正常监盘及操作。

⑫ 监盘人员应衣着整洁，并符合公司的着装标准。

⑬ 外来人员和公司内非运行人员不得在盘前就座和翻动监控画面。

0.4.4 运行岗位监盘操作要求

① 监盘人员在计算机画面上的任何操作必须经过主值（机长）批准。

② 正常情况下，操作人员进行画面操作时，相邻监盘人员必须进行监护，事故情况下，按照各岗位分工，完成自己的事故处理，但必须服从主值和值长的安排。

③ 操作人员操作画面时，必须认真核对，进行三秒思考，输入的值必须经过核对，确认无误后进行确定。操作完成后必须严密监视、跟踪分析、及时总结。

④ 严禁运行人员对DCS任何画面的任何报警信号进行屏蔽操作；同时不能任由频繁的报警干扰正常的监盘。

⑤ 严禁监盘人员擅自对DCS任何画面的任何测点信号要求热控进行强制操作，如必须强制需要经过值长（机长）批准。

⑥ DCS画面中没有进行过调试和试用的定值操作模块或其他操作模块，禁止投入自动。

⑦ 在将DCS画面中相关控制模块投入自动前，需确认当前值与自动指令的偏差很小，投入自动后，必须观察是否实现了无扰切换，否则需进行必要的手动干预。进行DCS操作后，严禁操作过后不进行任何跟踪和观察；非紧急情况下，严禁执行DCS操作后立即翻看其他画面。

⑧ 监盘人员应熟悉DCS画面中操作模块的性能特点、功能和操作注意事项，严禁在不熟悉的情况下未经监护进行操作。

⑨ 对于涉及相邻机组的系统（如辅汽系统、燃油系统）或公用系统，尤其是可能引起相邻机组相关参数扰动较大时，操作员必须和相关机组值班员事先联系和沟通，得到同意后再进行操作。

⑩ 为保证运行人员能够掌握热工逻辑的原理，掌握出现误操作后的现象和结果，使运行人员在操作前的事故预想中能够全面准确地把握操作要领和注意事项，发电运行部应制订热工逻辑培训计划，对所有运行人员特别是新入厂员工进行有计划的培训。各值（班）应积极组织内部的逻辑培训和竞赛等活动。发电部应定期对运行人员逻辑的掌握程度开展调考或竞赛活动。

0.5 集控岗位负责系统画面分工

(1) 主值　全面负责机组系统的监视，主要负责机组协调控制系统，发变组系统，汽轮机DEH、TSI、高加投停操作，锅炉汽水系统以及旁路系统，锅炉燃烧调整；负责日常主、再热汽汽温调整，主机润滑油、顶轴油、EH油系统，密封油系统，轴封系统监视。在主巡检员离开岗位时接管本机组范围内相应系统设备的监视及调整。

(2) 副值　负责协助主值做好机组所辖各个系统和设备的运行调整及操作，具体主要负责下列系统与设备监视和操作：燃油系统，密封风、火检风机系统，锅炉吹灰系统，连排、定排系统，锅炉疏水排空系统，给水系统（包括汽包水位调整），凝结水系统（包括低加、轴加、除氧器等设备），凝补水系统，循环水系统，开、闭式系统，氢气系统，辅汽系统，仪用及检修空压机系统等。辅助主值监控与操作系统设备，当主值离开岗位时，接管相应部分系统设备。

(3) 主巡检 正常情况下，负责监视两台机组电气系统和设备：包括220kV、500kV升压站设备，6kV、380V厂用电系统和公用系统，保安系统，UPS，直流系统，锅炉制粉系统，风烟系统，仪用及检修空压机系统。事故情况下，在主值或副值指导下，积极配合进行事故处理，可负责接管事故机组的燃油系统，制粉系统，风烟系统，密封风、火检风机系统，锅炉吹灰系统，连排、定排系统，锅炉疏水排空等系统监视和操作。

第1章 火电厂运行管理制度

1.1 运行管理制度概述

1.1.1 运行管理的制度、规程及技术措施

为了确保发电设备运行安全、经济、稳定、满发，必须健全各种运行管理规章制度，完善技术措施和一切防范措施，提高运行人员值班水平，加强操作监护，实现操作的标准化和规范化。火电厂运行管理所涉及的制度、运行规程、技术措施等包括以下几方面的内容。

(1) 运行管理制度

① 文明生产管理制度。

② 运行岗位责任制度。

③ 交接班制度。

④ 巡回检查制度。

⑤ 设备定期试验与轮换制度。

⑥ 操作监护制度。

⑦ 工作票、操作票管理制度。

⑧ 设备缺陷管理制度。

⑨ 电气设备绝缘测定制度。

⑩ 电气安全用具定期校验制度。

⑪ 自动保护装置投、停及试验制度。

⑫ 电刷维护管理制度。

⑬ 磨煤机加、选钢球管理制度。

⑭ 汽轮机油务管理制度。

⑮ 运行分析制度。

⑯ 运行人员培训制度。

⑰ 运行现场管理制度。

⑱ 经济指标管理制度。

⑲ 设备安全性评价制度。

⑳ 燃煤、燃油管理制度。

㉑ 化学监督制度。

(2) 运行规程或法规

① 电力技术管理法规。

② 电业安全工作规程（电气部分、热力机械部分）。

③ 电业生产事故调查规程。

④ 现场安全规程。

⑤ 集控运行规程（或锅炉运行规程、汽轮机运行规程、电气运行规程、变压器运行规程等）。

⑥ 调度规程。

⑦ 电力设备预防性试验规程。

⑧ 消防规程。

(3) 现场应具备的技术图纸

① 电气一、二次系统图册。

② 电气直流系统图册。

③ 厂用电系统图册。

④ 热力系统图册。

⑤ 厂燃油系统图。

⑥ 厂化学水系统图。

⑦ 厂消防水系统图。

⑧ 燃料输送系统图。

⑨ 发电机氢冷系统图。

⑩ 除尘、除灰系统图。

(4) 安全技术措施

① 防止锅炉灭火、放炮的措施。

② 防止锅炉制粉系统放炮的措施。

③ 紧急停炉的处理措施。

④ 防止锅炉四管泄漏措施。

⑤ 厂用电中断的处理措施。
⑥ 防止汽轮机大轴弯曲的措施。
⑦ DCS 异常的处理措施。
⑧ 防止汽轮机轴瓦烧损的措施。
⑨ 防止汽轮机油质污染的措施。
⑩ 防止汽轮机超速的措施。
⑪ 防止汽轮机进水的措施。
⑫ 电气防止误操作的技术措施。
⑬ 电气防止触电的技术措施。
⑭ 控制异常和未遂的安全措施。
⑮ 防止人身伤害的安全措施。
⑯ 防止污闪事故的措施。

(5) 现场应具备的生产技术记录

① 值班记录（计算机）。
② 检修工作票记录。
③ 安全活动记录。
④ 运行分析记录。
⑤ 信息交流记录。
⑥ 停、送电联系单记录。
⑦ 操作票记录。
⑧ 借、还钥匙记录。
⑨ 设备缺陷记录。
⑩ 设备定期试验切换记录。
⑪ 重大操作记录。
⑫ 现场考问记录。
⑬ 技术讲座、技术学习记录。
⑭ 操作命令记录。
⑮ 反事故演习记录。
⑯ 设备变更记录。
⑰ 事故预想记录。
⑱ 检修情况交代记录。
⑲ 设备绝缘测定记录。
⑳ 电气继电保护定值记录。
㉑ 故障录波器动作记录。
㉒ 变压器分接头位置记录。
㉓ 高压断路器事故跳闸记录。

㉔ 热控保护投停联系记录。

㉕ 超温记录。

㉖ 机、炉设备试验报告。

由于篇幅有限，本教材只对某些重要的管理制度和技术措施进行详细阐述。

1.1.2 运行安全管理

“安全第一，预防为主”是电力生产的基本方针，火电机组运行安全管理的重点工作是要把“225”工程落实到位，即把两项计划（反事故措施计划和技术组织计划），两种规程（运行规程和安全规程），五项制度（交接班制度、巡回检查制度、设备定期切换与试验制度、操作票制度和工作票制度）落实到位，责任到人。运行安全管理的基本任务包括：

① 坚持“安全第一，预防为主”方针，杜绝重大事故，消除人身轻伤及以上事故的发生，达到控制异常与故障为零的目标。

② 学习有关安全生产的指示、文件和事故通报，结合生产实际情况，制订事故预防措施。

③ 根据事故案例制订对应措施。

④ 坚持事故处理“四不放过”原则，分析发生事故的原因和责任，引以为戒，杜绝类似事故的再次发生。

⑤ 总结评比每周安全生产情况，布置下周安全生产活动内容。

⑥ 学习各项安全生产规章制度，开展事故专题分析活动。

⑦ 建立运行安全管理体系，做到“责任到位、操作到位、压力到位、监督到位”。

1.1.3 保证安全生产的组织措施

在发电设备上工作，为了保证安全应实施以下组织措施：

① 工作票制度；

② 工作许可制度；

③ 工作监护制度；

④ 工作间断、转移和终结制度；

⑤ 动火工作票制度；

⑥ 操作票制度。

1.2 工作票制度

工作票制度是保证在生产现场进行检修工作时有可靠的安全措施以防止人身

和设备事故的一项重要制度。它以工作票作为载体进行落实。

1.2.1　工作票的定义及种类

(1) 工作票的定义　工作票是为保证电力生产设备的检修工作能顺利进行，保护和保障人身及设备的安全，而使用的一种具有严格执行流程和规范，必须经过一定的审核和批准手续，针对检修工作而做的安全措施文件。

(2) 工作票的种类

① 电气类工作票

a. 第一种工作票。需填用第一种工作票的工作包括：高压设备上工作需要全部停电或部分停电；高压室内的二次接线和照明等回路上的工作，需要将高压设备停电或做安全措施。

b. 第二种工作票。需填用第二种工作票的工作包括：带电作业和在带电设备外壳上的工作；控制屏的低压配电屏、配电箱、电源干线上的工作；在二次回路上工作，未将高压设备停电；转动中的发电机，同期调相机的励磁回路或高压电动机转子电阻回路上的工作；非当班值班人员用绝缘棒和电压互感器定相或用钳型电流表测量高压回路的电流。

② 热力机械（简称热机）类工作票

在热力和机械设备上工作，应填用工作票、工作任务单或事故应急抢修单。在生产现场禁火区域内进行动火作业，应同时执行动火工作票制度。

a. 热力机械工作票。见表 1-1。需填用热力机械工作票的工作包括：

ⅰ. 需要将生产设备、系统停止运行或退出备用，由运行值班人员采取断开电源或气源，隔断与运行设备联系的热力系统，对被检修设备和系统进行泄压、通风、吹扫、加锁、悬挂标示牌、装设遮栏或围栏等任何一项安全措施的检修工作。

ⅱ. 需要运行值班人员在运行方式、操作调整上采取保障人身、设备运行安全措施的工作。

b. 热控工作票。见表 1-2。需填用热控工作票的工作包括：

ⅰ. 在工程师站、上位机或编程器进行组态、参数修改及代码传送（数据下载）等工作。

ⅱ. 需要停运或局部停运计算机控制系统、独立监测和控制系统及其所属设备（含操作显示装置、计算机控制装置、接口、电缆、电源、就地执行装置、测量装置和传感装置等设备）的检修和局部检修工作。

ⅲ. 负压系统、油系统、温度超过 50℃或带压设备上测量仪表的检修和校验工作。

ⅳ. 在线热工试验工作。

表 1-1 发电厂热力机械工作票格式

盖"合格/不合格"章　　　　盖"已终结/作废"章

发电厂热力机械工作票

单位(车间)：__________ 编号：__________

1. 工作负责人(监护人)：__________ 班组：__________

2. 工作班人员(不包括工作负责人)：____________________

____

共________人。

3. 工作任务：

工作地点及设备双重名称	工作内容

4. 计划工作时间：

自___年___月___日___时___分

至___年___月___日___时___分

5. 安全措施(必要时可附页绘图说明)：

5.1 检修工作要求工作许可人员执行的安全措施		已执行
1		
2		
3		

5.2 检修工作要求检修人员自行执行的安全措施(由工作负责人填写)		已执行	已恢复
1			
2			
3			

5.3 工作地点注意事项(由工作票签发人填写)	5.4 补充工作地点安全措施(由工作许可人填写)

工作票签发人签名：________ 签发日期：___年___月___日___时___分

6. 收到工作票时间：___年___月___日___时___分

运行值班负责人签名：________ 工作负责人签名：________

7. 工作许可：

确认本工作票1～6项

许可工作时间：自___年___月___日___时___分

至___年___月___日___时___分

续表

工作许可人签名：＿＿＿＿＿＿工作负责人签名：＿＿＿＿＿＿

8. 工作中存在的主要危险点及预控措施：

序号	工作中存在的危险点分析	相应的预控措施

9. 确认工作负责人布置的工作任务、安全措施以及危险点告知。

工作班组人员签名：＿＿＿＿＿＿＿＿＿＿＿＿＿＿＿＿＿＿

10. 工作人员变动情况：

(1)原工作负责人＿＿＿＿＿＿离去，变更＿＿＿＿＿＿为工作负责人。

工作票签发人签名：＿＿＿＿＿＿　＿＿年＿＿月＿＿日＿＿时＿＿分

工作许可人签名：＿＿＿＿＿＿　＿＿年＿＿月＿＿日＿＿时＿＿分

(2)连续或连班作业工作负责人的相互接替。

原工作负责人	现工作负责人	生效时间				工作票签发人
		月	日	时	分	

(3)工作班人员变动。

原工作班人员＿＿＿＿＿＿离去，增加＿＿＿＿＿＿为工作班成员。

＿＿年＿＿月＿＿日＿＿时＿＿分

工作票负责人签名：＿＿＿＿＿＿　＿＿年＿＿月＿＿日＿＿时＿＿分

11. 工作票延期：

有效期延长到＿＿年＿＿月＿＿日＿＿时＿＿分

工作负责人签名：＿＿＿＿＿＿　＿＿年＿＿月＿＿日＿＿时＿＿分

工作许可人签名：＿＿＿＿＿＿　＿＿年＿＿月＿＿日＿＿时＿＿分

12. 工作票终结：全部工作于＿＿年＿＿月＿＿日＿＿时＿＿分结束，设备及安全措施已恢复至开工前状态，工作人员已全部撤离，材料、工具、场地已清理完毕。

工作负责人签名：＿＿＿＿＿＿工作许可人签名：＿＿＿＿＿＿

13. 备注：

(1)指定专职监护人：＿＿＿＿＿＿＿＿＿负责监护＿＿＿＿＿＿＿＿＿

＿＿＿＿＿＿＿＿＿＿＿＿＿＿＿＿＿＿(地点及具体工作)

(2)其他事项＿＿＿＿＿＿＿＿＿＿＿＿＿＿＿＿＿＿＿＿＿＿＿＿＿＿＿＿＿＿

表 1-2 发电厂热控工作票格式

盖"合格/不合格"章　　　　盖"已终结/作废"章

发电厂热控工作票

单位(车间)：____________ 编号：____________

1. 工作负责人(监护人)：____________ 班组：____________

2. 工作班人员(不包括工作负责人)：________________________________

____

共__________人。

3. 工作的机组及设备全称：

____

4. 工作任务：

工作地点或地段	工作内容

5. 计划工作时间：

自____年____月____日____时____分

至____年____月____日____时____分

6. 工作条件(装置及回路停运或不停运、停电或不停电)：

____

7. 需要其他专业配合的内容：

____

8. 注意事项(安全措施)：

____

9. 补充安全措施(工作许可人填写)：

____

10. 确认本工作票 1～9 项：

许可工作时间：____年____月____日____时____分

工作许可人签名：____________工作负责人签名：____________

11. 确认工作负责人布置的工作任务和安全措施：

工作班人员签名：____

12. 工作人员变动情况：

(1)原工作负责人____________离去，变更____________为工作负责人。

工作票签发人签名：____________(____年____月____日____时____分)

工作许可人签名：____________(____年____月____日____时____分)

(2) 原工作班人员____________离去，增加____________为工作班成员。

____年____月____日____时____分

工作票负责人签名：____________(____年____月____日____时____分)

13. 工作票延期：有效期延长到____年____月____日____时____分

工作负责人签名：____________(____年____月____日____时____分)

工作许可人签名：____________(____年____月____日____时____分)

14. 工作票终结：全部工作于____年____月____日____时____分结束，设备及安全措施已恢复至开工前状态，工作人员已全部撤离，材料、工具、场地已清理完毕。

工作负责人签名：____________工作许可人签名：____________

15. 备注：____

c. 工作任务单。见表 1-3。需填用工作任务单的工作包括：在生产区域从事建筑、搭、拆脚手架、设备保温、焊接、油漆、绿化或其他文明生产、日常维护等工作，不需要运行值班人员采取热机工作票所述安全措施。

表 1-3 发电厂工作任务单格式

盖“合格/不合格”章　　盖“已终结/作废”章

发电厂工作任务单

单位(车间)：＿＿＿＿＿编号：＿＿＿＿＿

1. 工作负责人(监护人)：＿＿＿＿＿班组：＿＿＿＿＿

2. 工作班成员(不包括工作负责人)：＿＿＿＿＿＿＿＿＿＿

＿＿＿＿＿＿＿＿＿＿＿＿＿＿＿＿＿

共＿＿＿＿＿人。

3. 工作任务：

工作地点及设备双重名称	工作内容

4. 计划工作时间：自＿年＿月＿日＿时＿分

至＿年＿月＿日＿时＿分

5. 注意事项(安全措施)：

＿＿＿＿＿＿＿＿＿＿＿＿＿＿＿＿＿

工作签发人签名：＿＿＿＿＿签发日期＿年＿月＿日

6. 已采取的安全措施和其他安全注意事项交代(由工作许可人填写)：

＿＿＿＿＿＿＿＿＿＿＿＿＿＿＿＿＿

7. 工作许可：

确认本工作票 1～6 项

许可工作时间：自＿年＿月＿日＿时＿分至＿年＿月＿日＿时＿分

工作许可人签名：＿＿＿＿＿工作负责人签名：＿＿＿＿＿

8. 确认工作负责人布置的工作任务和安全措施：

工作班人员签名：＿＿＿＿＿＿＿＿＿＿＿＿

9. 工作任务单延期：有效期延长到＿年＿月＿日＿时＿分

工作负责人签名：＿＿＿＿＿　＿年＿月＿日＿时＿分

工作许可人签名：＿＿＿＿＿　＿年＿月＿日＿时＿分

10. 工作票终结：全部工作于＿年＿月＿日＿时＿分结束，设备及安全措施已恢复至开工前状态，工作人员已全部撤离，材料、工具、场地已清理完毕。

工作负责人签名：＿＿＿＿＿工作许可人签名：＿＿＿＿＿

11. 备注：

(1)指定专职监护人：＿＿＿＿＿负责监护＿＿＿＿＿

＿＿＿＿＿＿＿＿＿＿＿＿＿(地点及具体工作)

(2)其他事项＿＿＿＿＿＿＿＿＿＿＿＿

d. 事故应急抢修单。见表1-4。需填用事故应急抢修单的工作包括：事故应急抢修工作（指生产主、辅设备等发生故障被迫紧急停止运行，需立即恢复的抢修和排除故障的工作），可不填用工作票，但应填用事故应急抢修单。

表1-4　发电厂事故应急抢修单格式

盖"合格/不合格"章　　　盖"已终结/作废"章
发电厂事故应急抢修单
单位(车间)：________编号：________
1. 抢修负责人(监护人)：________班组：________
2. 抢修班成员(不包括工作负责人)：________________
共________人。
3. 抢修任务(抢修地点和抢修内容)：
____
4. 安全措施：
____
上述1～4项由抢修负责人________根据抢修任务布置人________的布置填用。
5. 经现场勘察需补充下列安全措施：
____
6. 经许可人(调度/运行人员)同意___月___日___时___分后，已执行。
7. 许可抢修开始时间：___年___月___日___时___分
许可人(调度/运行人员)：________
8. 抢修结束汇报：本抢修工作于___年___月___日___时___分结束。
现场设备状况及保留安全措施：
____
抢修班人员已全部撤离，材料、工具、场地已清理完毕，事故应急抢修单已终结。
抢修工作负责人：________许可人(调度/运行人员)：________
填用时间：___年___月___日___时___分

1.2.2　工作票中所列人员应具备的基本条件和安全责任

(1) 工作票签发人　工作票签发人应是熟悉人员技术水平、设备情况和电力安全工作规程，并具有相关工作经验的生产领导人、技术人员或经本单位分管生产领导批准的人员。工作票签发人员名单应书面公布。工作票签发人的安全责任：

① 审核工作的必要性；

② 审核工作票上所填安全措施是否正确完备；

③ 审核所派工作负责人和工作班人员是否适当和充足。

(2) 工作负责人　工作负责人应是具有相关工作经验，熟悉设备情况、工作班人员工作能力和电力安全工作规程，经车间（公司）生产领导书面批准的人员。工作负责人（监护人）的安全责任：

① 正确安全地组织工作；

② 负责检查工作票所列安全措施是否正确完备和工作许可人所做的安全措施是否符合现场实际条件，必要时予以补充；

③ 工作前对工作班成员进行危险点告知，交代安全措施和技术措施，并确认每一个工作班成员都已知晓；

④ 严格执行工作票所列安全措施；

⑤ 督促、监护工作班成员遵守本规程、正确使用劳动防护用品和执行现场安全措施；

⑥ 工作班成员精神状态是否良好，变动是否合适。

公司系统内的集中或协作检修单位需要到设备运行管理单位担任工作票签发人、工作负责人时，除应掌握检修设备的设备情况（如结构、缺陷内容等）和与检修设备有关的系统，还应持本单位考试合格、批准担任工作票签发人、工作负责人的书面证明。非公司系统的工作票签发人、工作负责人需经设备运行管理单位安全考试合格。

(3) 工作许可人　工作许可人应是经车间（公司）生产领导书面批准的、有一定工作经验的运行值班人员。工作许可人的安全责任：

① 负责审查工作票所列安全措施是否正确、完备，是否符合现场条件；

② 工作现场布置的安全措施是否完善，必要时予以补充；

③ 负责检查检修设备有无突然来电和流入汽、水及易燃易爆、有毒有害介质的危险。

对工作票所列任何内容如有疑问，应向工作票签发人询问清楚，必要时应要求做详细补充。

(4) 专职监护人　专职监护人应是具有相关工作经验、熟悉设备情况和电力安全工作规程的人员。专职监护人的安全责任：

① 明确被监护人员和监护范围；

② 工作前对被监护人员交代安全措施，告知危险点和安全注意事项；

③ 监督被监护人员遵守本规程和现场安全措施，及时纠正不安全行为。

(5) 工作班成员　工作班成员的安全责任：

① 熟悉工作内容、工作流程，掌握安全措施，明确工作中的危险点，并履行确认手续；

② 严格遵守安全规章制度、技术规程和劳动纪律，对自己在工作中的行为负责，互相关心工作安全，并监督本规程的执行和现场安全措施的实施；

③ 正确使用安全工器具和劳动防护用品。

1.2.3 工作票的使用

① 一个工作负责人只能发给一张工作票，工作票上所列的工作地点以工作票上安全措施范围为限。开工前工作票内的全部安全措施应一次完成。

② 在同一设备系统上依次进行同类型的设备检修工作，允许使用一张工作票。在同一设备系统、同一安全措施范围内有多个班组同时进行工作时，可以发给总的负责人一张工作票，但要详细填明主要工作内容。在工作班成员栏内，只填明各班负责人，不必填写全部工作人员名单。

③ 大修（A、B级）、小修（C、D级）或其他安全措施项目较多的检修工作，发电厂可以结合本单位情况，制订固定项目的安全措施附页。

④ 在不同地点不同设备系统依次进行同类型的检修工作时，如全部安全措施能在工作开始前一次完成，可以使用一张工作票。

⑤ 检修工作结束前，如遇到下列情况，应重新签发工作票，并重新履行工作许可手续：

a. 部分检修设备加入运行时；

b. 必须改变检修与运行设备隔断方式或需变更、增设安全措施者；

c. 检修工作延期一次后仍不能完成，需要继续延期者。

⑥ 工作票有破损不能继续使用时，应补填新的工作票。

⑦ 工作票一般应在开工前一天预先送给运行值班负责人，临时工作许可在工作当天交给值班负责人。工作任务单可在进行工作的当天交给工作许可人。

⑧ 许可开工前，值班负责人布置值班人员执行工作票所列安全措施。重要措施（由发电厂自定）应由值班负责人或司机、司炉、集控主值班员等主要工种监护执行。如停电措施需由电气值班人员执行，应使用“停电联系单”。

⑨ 需要变更工作班成员时，应经工作负责人同意，在对新工作人员进行安全交底后，方可进行工作。

⑩ 若确需变更工作负责人时，应由原工作票签发人同意并通知工作许可人，工作许可人将变动情况记录在工作票上。非连续工作的工作负责人允许变更一次。原、现工作负责人应对工作任务和安全措施进行交接。

⑪ 在原工作票的安全措施范围内增加工作任务时，应由工作负责人征得工作票签发人和工作许可人同意。若需变更或增设安全措施者应填用新的工作票，并重新履行工作许可手续。

⑫ 变更工作负责人或增加工作任务时，如工作票签发人无法当面办理，应通过电话联系，并在工作票登记簿和工作票上注明。

⑬ 工作票和工作任务单的有效期和延期：

a. 工作票和工作任务单的有效时间，以批准的检修期为限。

b. 工作票和工作任务单需办理延期手续，应在批准的检修期限前，由工作负责人向运行值班负责人提出申请（属于调度管辖、许可的检修设备，还应通过值班调度员批准），由运行值班负责人通知工作许可人给予办理。工作票、工作任务单只能延期一次。

1.2.4　工作票办票的时间要求

电气第一种工作票应在开工前一天 16 小时前送到运行值班处，电气第二种工作票可在工作的当天交给运行值班员。收票时间应在票面上记录。对于不涉及运行方式而进行临时消除缺陷的电气第一种工作票以及配合热机检修的电气第一种工作票，可当天出票。

热机工作票一般应在开工前一天送交运行值班人员，当日消除缺陷的工作票应在开工前一小时送交运行值班人员。填写“计划工作时间”栏，指开始工作至工作终结交付验收合格为止的时间，不包括停、送电操作时间。

1.2.5　工作票办理程序

(1) 工作票填写与签发　工作票由工作负责人填写，也可由工作票签发人填写。

工作票应使用黑色或蓝色的钢笔、圆珠笔填写与签发，一式两份，内容应正确，填写应清楚，不得任意涂改。如有个别错、漏字需要修改，应使用规范的符号，字迹应清楚。关键词、字不得修改，关键词、字由企业根据实际情况确定。用计算机生成或打印的工作票应使用统一的票面格式，由工作票签发人审核无误，手工或电子签名后方可执行。

工作票由设备运行管理单位签发，也可由经设备运行管理单位审核且经批准的修试及基建单位签发。修试及基建单位的工作票签发人及工作负责人名单应事先送有关设备运行管理单位备案。工作票签发人认为必要时可采用总工作票、分工作票，并同时签发。总工作票、分工作票的填用、许可等有关规定由单位分管生产的领导（总工程师）批准后执行。

承、发包工程中，工作票可实行“双签发”。签发工作票时，双方工作票签发人在工作票上分别签名，各自承担本规程工作票签发人相应的安全责任。签发工作票时，工作票签发人应将工作票有关内容向工作负责人交代清楚。

(2) 工作票的许可　工作票应由值班人员许可。不需要运行值班人员执行安全措施的工作任务单，可以由所在部门班组负责人或节假日电厂值班负责人许可，但工作任务单应送一份给运行值班人员留存。

工作许可人在完成现场的安全措施后，还应完成以下许可工作，工作班方可开始工作：

① 持票并会同工作负责人到现场再次检查所做的安全措施，对补充的安全

措施进行说明，对具体的设备指明实际的隔离措施，确认检修设备确已卸压、降温和没有汽、水、油或瓦斯等介质流入的危险。

② 对工作负责人指明哪些设备有压力、高温和有爆炸等危险的因素，交代工作过程中的注意事项。

③ 与工作负责人在工作票上分别确认并签名。

工作负责人、工作许可人任何一方不得擅自变更安全措施，工作中如有特殊情况需要变更时，在确保安全前提下还应事先取得对方的同意。变更情况应及时记录在值班日志上，并在工作票备注栏中注明、签字。

(3) 工作监护制度

① 工作票许可手续完成后，工作负责人、专责监护人应向工作班成员交代工作内容、人员分工、危险部位和现场安全措施，进行危险点告知，并履行确认手续，工作班方可开始工作。多班组工作时，由总工作负责人向各班组负责人交代，再由班组负责人向各自工作班人员交代。工作负责人、专责监护人应始终在现场，对工作班人员的安全认真监护，能及时纠正其不安全的行为。

② 在确认安全措施可靠，不致影响人身和设备安全的情况下，工作负责人可以参加工作班工作。

③ 工作票签发人或工作负责人，应根据现场的安全条件、施工范围、工作需要等具体情况，增设专责监护人和确定被监护的人员。

④ 专责监护人不得兼做其他工作。专责监护人临时离开时，应通知被监护人员停止工作或离开工作现场，待专责监护人回来后方可恢复工作。

⑤ 工作期间，工作负责人若因故暂时离开工作现场时，应指定能胜任的人员临时代替，离开前应将工作现场交代清楚，并告知工作班成员。原工作负责人返回工作现场时，也应履行同样的交接手续。

⑥ 若工作负责人因故长时间离开工作现场时，应由原工作票签发人变更工作负责人。变更的手续和交接事项按有关规定执行。

⑦ 对于连续（或连班）作业的工作，一个工作负责人不能连班负责者，可允许有两个或三个工作负责人相互接替，但应经过工作票签发人批准，并在工作票上注明。工作票应按班交接，各工作负责人应做好工作现场的交接。

(4) 检修工作开始

① 工作票一份应保存在工作地点，由工作负责人收执；另一份由工作许可人收执，按值移交。工作许可人应将工作票的编号、工作任务、许可及终结时间记入登记簿。

② 工作负责人办理完工作许可手续后，随身携带工作票并带领工作班全体人员进入工作现场。

③ 开工前，由工作负责人向全部作业人员宣读工作票，严肃、认真、详细地交代工作地点和工作任务、工作时间，安全措施及注意事项等，明确邻近运行

设备和带电设备。

④ 每个工作成员必须精力集中，认真听讲。工作负责人或安全员要向一部分成员提问，确认每个成员对工作任务、安全措施、带电部位等确实了解清楚的基础上，方可开工。

⑤ 工作开工后，工作负责人和工作许可人任何一方均不允许随意变更接线方式和安全措施。如必须变动时，应取得工作许可人同意，并重新办理许可手续。

⑥ 不准任意扩大工作票的工作内容，如改变工作内容、不改变安全措施，工作负责人在得到工作票签发人的同意并与工作许可人协商，经值长批准后，方可在工作票上增添内容，可不重新履行工作票手续。

⑦ 发现检修人员违反安全工作规程或没按工作票内容进行工作，应及时停止其工作，收回工作票，令检修人员退出现场。

(5) 工作负责人的变更　工作负责人的变更必须由原工作票签发人同意。更换工作负责人后，先后两个工作负责人必须对现场工作情况进行详细的交代，清楚后，办理工作负责人变更手续。工作票签发人、新工作票负责人、工作许可人分别在工作票上签字，并填写变更时间，新工作负责人方可开始工作。

(6) 工作间断　工作中遇到任何威胁工作人员安全的情况时，工作负责人或专责监护人可根据情况，临时停止工作。工作间断时，工作班人员应从工作现场全部撤出，所有安全措施保持不动，工作票仍由工作负责人执存。间断后继续工作，无须通过工作许可人。

每日收工前，应清扫现场，开放已封闭的通道，工作票仍由工作负责人执存。次日复工时，工作负责人应重新认真检查、确认安全措施正确完备，并召开现场站班会后方可工作。若无工作负责人或监护人带领，工作人员不得进入工作地点。

(7) 工作票的延期　工作负责人对所担任的工作任务确认不能按批准期限完成时（机组大、小修除外），当日工作应在批准期限的前一小时由工作负责人向值长申明延期理由，后办理延期手续，影响机组出力的设备检修延期应通过值长报上级调度员办理。

对于主要设备及系统的检修，工期在两日以上的工作需办理延期手续时，应在批准期限的前一日办理。延期手续只能办理一次，如需再延期，应重新办理工作票，同时将原票终结。电气二种票没有延期手续一栏，工作如需延期时，应重新签发工作票。检修设备如为调度管辖，值长还应向调度申请，在调度没有批准之前，不可任意延长检修工期。

(8) 检修设备的试运　对需要经过试运检验检修质量后方能交工的工作，或工作中间需要启动检修设备时，如不影响其他工作班组安全措施范围的变动，应按下列条件进行：

① 工作负责人在试运前应将全体工作人员撤至安全地点，将所持工作票交工作许可人。

② 工作许可人认为可进行试运时，应将试运设备检修工作票有关安全措施撤除，检查所有工作人员确已撤出检修现场后，在确认不影响其他作业班组安全的情况下，进行试运。如送电操作需由电气值班人员进行时，应使用“送电联系单”。

③ 若检修设备试运将影响其他作业班组安全措施范围的变动和其他作业班组人员安全时，只有将所有作业班组全体人员撤离至安全地点，并将该设备系统的所有工作票收回后，方可进行试运。

试运行后工作班需继续工作时，应按下列条件进行：

① 工作许可人按工作票要求重新布置安全措施，并会同工作负责人重新履行工作许可手续后，工作负责人方可通知工作人员继续进行工作。如断开电源措施需由电气值班人员执行，仍应使用“停电联系单”。

② 如工作需要改变原工作票安全措施范围时，应重新签发新的工作票。

(9) 检修完成后恢复措施与工作终结 检修完成后恢复措施：

① 检修工作完成之后，在“恢复措施”中确认并检查恢复的设备、措施类型、措施说明、恢复状态、是否要求验收试验等内容是否执行。

② 若有要求应在工作结束后对检修设备进行验收试验，以检查检修工作的正确性。

③ 在恢复措施完成和试验合格后由许可人对工作票进行验收。

对于工作许可人来说，只有当其手中的电气第一种工作票上的全部接地线拆除，并认真填写在工作票上，才为终结。对于不能拆除的接地线要注明原因，并记录在运行记录簿中，工作票上也应注明原因。

凡主设备、重要辅机大小修或电气设备、公用系统经过改进，在设备恢复备用前，检修及实验人员应向有关运行单位做书面交底，以备查阅，否则工作许可人应拒绝办理工作终结手续。

检修人员在办理工作票终结手续前，还应注意恢复设备的明显标志，电气一次设备的双重名称及二次设备的名称，复查核对热机设备的阀门名称、编号、旋转方向、介质流动方向、管道色环等，若运行人员发现标志及双重名称不全或不符，有权拒绝办理工作票终结手续。

继电保护和自动装置等二次设备经过改进或定值变动后，有关负责人应进行详细的书面交底，否则工作许可人有权拒绝终结工作票。

全部工作完毕后，工作班应清扫、整理现场。工作负责人应先周密地检查，待全体工作人员撤离工作地点后，再向运行值班人员交代所检修项目、发现的问题、试验试运结果和存在的问题等，并与运行值班人员共同检查设备状况、有无遗留物件、是否清洁等，然后在工作票上填明结束时间，经双方签名后，并加盖

“已终结”印章，表示工作终结。经工作负责人、工作许可人签字终结的工作票，应在工作票的右上角处盖“已执行”章。上联工作票由运行人员保存，下联交工作负责人保存，并在“工作票登记簿”上进行登记。作废或未执行的工作票，要盖“作废”章，并写明作废原因。

检修工作已结束，但在工作票未注销之前，任何人不准将设备投入运行。只有在同一停役隔离系统的所有工作票都已终结，并得到值班负责人许可指令后，方可进行复役操作。工作票终结后，工作许可人应立即向值长（班长）汇报，在得知与该设备相关的所有工作票全部终结后，根据工作票中所做安全措施及值长（班长）的命令进行恢复措施。

工作负责人应向工作票签发人汇报工作任务完成情况及存在的问题，并交回所持的一份工作票。已终结的工作票、任务单、事故应急抢修单应保存一年。

(10) 有关工作票的其他要求

① 严禁无票工作，所有现场值班人员有权制止应持票操作的无票工作人员。

② 在生产现场禁火区域内进行动火作业，必须填用动火工作票。

③ 一张工作票中，工作票签发人、工作负责人和工作许可人三者不得相互兼任。工作票签发人、工作负责人、工作许可人每年应进行一次工作票管理制度的考试，考试合格并经主管生产的领导批准，并公布，同时在值长处备用。

④ 一个人不可同时担任两张工作票的工作负责人。

⑤ 填写工作票应使用本公司规定的设备名称、编号，凡有双重编号的设备必须填写双重编号。

⑥ 安全措施（隔离措施）的填写，应严格按规程的有关规定填写具体的要求，严禁使用“停电”“关阀门”“挂标示牌”等笼统、含糊、简单化的语句，应详细写出哪些设备，采取哪些具体安全措施，对于应隔绝的一切汽源、水源、煤源、风源、油源及电源等，均应正确无误。并按规定填写应装设的接地线、加设的围栏、悬挂的标示牌，加锁、堵板，挂警告牌等措施。

⑦ 已装设的接地线，应填上装设的具体地点，接地线编号和接地线的组数。需要加装绝缘隔板时，应将装设的具体位置、隔板的编号填写在“已装接地线和已合接地刀闸”栏内。已设遮拦，所挂标示牌要写明地点和标示牌名称。

1.3 操作票制度

操作票制度是为了确保电力生产过程顺利、安全进行而制定的一项生产管理制度。通过执行操作票制度可保证在操作设备过程中严格执行既定程序，从而有效减少和防止误操作的发生；妥善管理有较高潜在危险的运行操作程序，保证发电设备和电网安全、稳定、经济运行。

1.3.1 专用技术术语

操作是指员工为了完成工序，使用一定方法去完成一定目的的行动。电厂的设备操作分为监护操作、单人操作两种：

① 监护操作。监护操作是指由两人进行同一项操作，其中对设备较为熟悉的一人负责监护。监护操作应填用操作票。操作票是对操作人员下达操作任务、布置操作程序及反映操作活动的文字依据。

② 单人操作。单人操作是指由一人完成的操作。单人操作可不使用操作票，按照现场规程执行，或使用经批准的标准操作票。实行单人操作的设备、项目及运行值班人员需经设备运行管理单位批准，人员应通过专项考核并书面公布。

1.3.2 操作票的分类

操作票的主要内容包括：操作目的、操作内容、操作人员和监护人姓名以及起始和终止时间。操作票的分类如下：

① 操作票按照其使用对象的不同分为：电气操作票和热机操作票。见表1-5。

表 1-5 发电厂热机操作票

单位：________ 编号：________

操作开始时间：___年___月___日___时___分 终结时间：___年___月___日___时___分		
操作任务：		执行情况
序号		
1		
2		
3		
4		
5		
备注：		

注："√"表示已执行。若有未执行项，在备注栏说明原因。

填票人： 审票人： 运行值班负责人：

操作人： 监护人：

② 按照其操作繁简程度和工作量的大小分为：操作票和操作卡（复杂操作使用操作票，简单操作使用操作卡）。

③ 按照操作的频率和稳定性分为：定型操作票和常用操作票。

1.3.3　有关操作票的要求

① 操作票应有固定的格式。

② 操作票应用黑色或蓝色的钢笔、圆珠笔逐项填写。对于拉、合、停、送、投、退等关键词和开关、刀闸、设备编号不得涂改，如涂改原票作废。用计算机开出的操作票应与手写格式一致，操作票票面应清楚整洁，不得有任意涂改。

③ 填写操作票应使用统一的专业术语及设备名称、编号，见表 1-6。

表 1-6　刀闸操作的术语举例

被操作设备	术　语	被操作设备	术　语
发变组	并列、解列	继电保护	投入(加用)、退出(停用)、动作
环状网络	合环、解环	自动装置	投入、退出、动作
联络线	并列、解列、充电	熔断器	装上、取下
变压器	运行、备用、充电	接地线	装上、拆除
断路器(简称开关)	合上、断开、跳闸、重合	有功、无功	增加、减少
隔离开关(简称刀闸)	合上、拉开		

④ 一份操作票只能填写一个操作任务，每一条操作项目只能填写一个操作步骤。

⑤ 操作票由操作人填写，监护人审核，值班负责人或其他经单位审批的人员审查批准后执行。

⑥ 操作票必须事先编号，未经编号的操作票不得使用。计算机生成的操作票应在正式出票前连续编号，操作票应按编号顺序使用。

⑦ 如一页操作票不能满足填写一个操作任务的操作项目时，可在第一页操作票下面备注空格中填写“下接××页”字样，第二页操作任务栏内填写“上接××页”字样。

⑧ 操作时间及操作任务应填在第一页操作票上。

⑨ 已执行操作票应在第一页操作票右上方位置加盖“已执行”章。作废操作票应在第一页操作票右上方位置加盖“作废”章，并在备注栏内注明作废原因。

⑩ 在执行倒闸操作中，如已操作了一项或多项，因故停止操作时，则在已执行项下面、未执行项上面的中间横线右边注明停止操作原因，并盖“已执行”章，按已执行操作票处理。

⑪ 填用操作票时，应在最后一项操作项目下面空格内加盖“以下空白”章，（如操作项目填到最末一行，盖在备注栏内空白处）盖章后不允许增添操作项目。

⑫ 下列情况应使用操作票：

a. 复杂的、操作程序不能颠倒的大型热机启、停操作；

b. 一旦操作失误将造成重大损失的操作；

c. 需要切换系统运行方式及隔离系统进行检修作业的操作。

⑬ 在发生人身伤害事故时，为了抢救受伤害人员，可以不使用操作票。

⑭ 对于电气操作，一般情况下使用电气运行专门制定的固定电气操作票，特殊情况时，操作票可预先准备，不限于操作人填写，但必须有运行主管或值长审阅签字，在执行前必须履行操作程序规定的全部手续。电气单一设备的停、送电，由值班负责人根据工作需要填写停、送电命令卡。

⑮ 在运行方式和设备状态等无变化时，可以使用固定操作票，但必须履行核对、模拟、审查、签字等手续。

1.3.4 操作票所列人员的安全职责

① 操作指令发布人应对发布命令的正确性、完整性负责。

② 监护人和操作人应对执行操作指令的正确性负责，监护人负主要责任。

③ 无监护人的操作项目，操作人对操作的正确性负责。

1.3.5 操作票的填写

操作票应由操作人根据操作任务、设备系统的运行方式和运行状态填写。在填写操作任务时，电气设备应使用设备双重编号，还应填上设备系统运行状态转换情况，如：由“××状态”转换为“××状态”。

电气操作票填写内容如下：

① 应拉合的开关和刀闸，及检查开关和刀闸的位置；

② 装、拆接地线，及检查接地线是否拆除；

③ 检查负荷分配情况；

④ 安装或拆除控制回路或电压互感器回路的保险器；

⑤ 切换保护回路和检验是否确无电压；

⑥ 装、拆绝缘隔板；

⑦ 投、退保护把手及压板；

⑧ 断开开关、刀闸的操作电源；

⑨ 投、退同期及联锁把手。

热机操作票填写内容应按照现场工作的实际情况填写，包括开关阀门、启停设备，应调整的设备状态和参数等内容。热力机械设备停、送电操作项目应填入热机操作票中，不具备操作电气设备资格的热机操作人员，应使用停、送电联系单。下列项目应填入操作票内：

① 应关闭或开启的汽（气）、水、油等热力系统的阀门；

② 应打开的泄压阀（闸）门；

③ 按规程规定应加锁的阀（闸）门；

④ 要求值班人员在运行方式、操作调整上采取的其他措施。

单人值班的操作票由发令人用电话向值班员下达命令，值班员根据命令的内容填写操作票，对发令人复诵无误后，在监护人签名处填入发令人名字。

下列工作可以不填写操作票，但这些操作应执行监护标准并记入操作记录本内：

① 事故处理；

② 拉合断路器（开关）的单一操作；

③ 拉开接地刀闸或拆除全厂仅有的一组接地线。

1.3.6　操作票的审核

操作人填写完操作票后，自己先审查一遍，然后交监护人审查，最后交主值和值长审查。如审核中发现错误应予以作废，在操作票第一页右上角注明原因并加盖“作废”章，重新填写。

操作票填写、审查合格后，操作人、监护人应在符合现场实际的模拟图上认真进行模拟预演，以保证操作项目和顺序的正确。由监护人按操作票的项目顺序唱票，由操作人复诵并改变模拟图设备指示位置。如操作有变动或撤销操作任务时，应立即恢复模拟图板的原状。对于模拟图板上没有的系统设备，在操作前应与一次接线图进行模拟预演。

操作票经审核、预演确认无误后，监护人在操作项目下面空白格处加盖“以下空白”章，监护人、操作人、主值、值长分别签字。

监护人将该操作票放在专用的操作票夹板上，等候值班负责人下达执行操作指令。

1.3.7　操作票的执行

① 一组操作人员一次只能持有一个操作任务的操作票。

② 进行监护操作时，应遵守发令、复诵、监护、汇报、记录等有关操作制度。

③ 操作前应核对实际运行方式，核对系统图，明确操作任务和操作目的，必要时应向监护人或值班负责人询问，确认无误。

④ 监护人和操作人核对所填写的操作项目是否正确，分别签名后，送交审批人签字批准。具备开始操作条件时，发令人向监护人和操作人正式发布操作指令，受令人应复诵无误。

⑤ 监护人和操作人在接到发令人发布的操作命令后，带齐必要的操作工具和安全用具，到达现场后应认真核对操作设备和有关辅助设备的名称、编号及实际状态。得到发令人许可后，将接令时间记入操作票“指令操作时间”栏内。

⑥ 操作人和监护人在操作中应认真执行监护复诵制度，操作中必须按操作

票所列项目顺序依次进行操作，禁止跳项、倒项、添项、漏项，每操作完一项，应检查无误后做一个“√”记号，对重要项目（如点火、冲转、启动设备等）要记录操作时间。全部操作完毕后进行复查，并向发令人汇报操作结束。

⑦ 监护操作时，操作人员在操作过程中不得有任何未经监护人同意的操作行为。

⑧ 操作中发生疑问时，应立即停止操作并向发令人报告，待发令人明确答复后，方可继续操作。监护人和操作人不得自行修改操作票。

⑨ 操作过程中如因设备缺陷或其他原因而中断操作时，应待缺陷处理好后继续操作，如缺陷暂时无法处理且对下面的操作安全无影响时，经发令人同意后方可继续操作，未操作的项目应在备注栏内注明原因。因故中断操作，在恢复操作前，操作人员应重新进行核对，确认被操作设备、操作步骤正确无误。

⑩ 单人操作时不得进行登高操作。

1.3.8 汇报、盖章、记录

操作全部结束，监护人应向发令人汇报操作终了时间，并在操作票上填上汇报时间，加盖“已执行”章。监护人或主值将操作任务和起止时间以及操作中发现的问题记入运行记录本中。监护人将操作票有关内容记入操作票记录本中。

1.3.9 操作票的保存及检查

已执行的、作废的、未执行的操作票应分别存放，不得遗失，要保存三个月。对操作票的执行情况应定期进行检查，并且做好检查记录，具体规定如下：

① 主值每天对已执行新的操作票进行检查。

② 各部门负责运行的专业人员每月定期对“已执行”操作票进行检查，对发现的问题应及时给予纠正，并制订整改措施。

③ 值长每月对操作票执行情况进行检查、总结。

④ 操作人、监护人每班对已执行操作票进行检查、总结。

出现下列情况之一，统计为不合格操作票或操作票实施不合格：

a. 操作任务填写不明确或不正确。

b. 填写操作任务时，设备有双重编号而未填写。

c. 未注明运行状态转换。

d. 操作任务与操作项目不相符。

e. 一份操作票填写两个及以上操作任务。

f. 操作任务违反技术原则。

g. 操作票存在漏项、倒项、添项和并项。

h. 操作票填写内容有涂改达三处及以上或修改字数超过 3 个字。

i. 未按规定审核、签字，或出现代签、漏签。

j. 未按规定进行模拟预演。

k. 电气操作未验电就挂接地线，或使用不合格验电器验电。

l. 操作前未按规定核对设备名称、编号和位置，或走错间隔、站错位置、握错操作把手。

m. 操作中未按规定执行唱票、复诵和三秒思考。

n. 无监护人进行操作，监护人、操作人同时进行操作。

o. 不按顺序进行操作或穿插口头指令。

p. 不带合格操作票进行操作，不按操作票进行操作。

q. 未按规定逐项打“√”。

r. 操作中发生疑问或异常未停止操作，未立即汇报并未查明原因就继续操作。

s. 未按规定填写有关时间。

t. 填写装、拆接地线的确切位置不清或有错误。

u. 漏项、错填接地线组数、编号。

v. 未按规定加盖图章。

w. 操作票无编号或编号错误、重号。

x. 操作票字迹不清或损坏、丢失。

y. 执行中发生异常、故障和未遂等不安全问题。

1.4 动火工作票制度

动火工作票制度是为了加强生产现场的消防管理，防止发生人为火灾事故，确保生产场所内的人身和设备安全而制定的生产管理制度。动火工作票制度以动火工作票作为实施载体。在防火重点部位或场所以及禁止明火的区域进行动火作业(是指在禁火区进行焊接与切割作业以及在易燃易爆场所使用喷灯、电钻、砂轮等进行可能产生火焰、火花和灼热表面的临时性作业）时，应填用动火工作票。

1.4.1 动火工作票的类型

根据动火区域的火灾危险性大小划分，分为一、二级动火工作票。

(1) 一级动火工作票　一级动火区是指火灾危险性很大，发生火灾时后果很严重的部位或场所。见表 1-7。

在一级动火区作业，应填用一级动火工作票。主要部位或场所有：

① 电气主控室，集控室；

② 制氢室，储氢罐及周围十米以内；

③ 各油库及油组围墙以内；

④ 锅炉燃油管路，汽机油系统，翻车机、轮斗机油系统；
⑤ 变压器，油开关；
⑥ 电缆沟及电缆夹层间；
⑦ 各氢冷发电机及系统。

表 1-7 发电厂一级动火工作票格式

盖“合格/不合格”章　　盖“已终结/作废”章

发电厂一级动火工作票

单位(车间)：________ 编号：________

1. 动火工作负责人：________ 班组：________
2. 动火执行人：________
3. 动火地点及设备名称：________
4. 动火工作内容(必要时可附页绘图说明)：________
5. 动火方式(可填写焊接、切割、打磨、电钻、使用喷灯等)：________
6. 申请动火时间：自___年___月___日___时___分
至___年___月___日___时___分
7. 允许应采取的安全措施：________
8. 检修应采取的安全措施：________

动火工作票签发人签名：________
签发日期：___年___月___日___时___分
消防管理部门负责人签名：________
安监部门负责人签名：________
发电厂(供电公司)负责人签名：________

9. 确认上述安全措施已全部执行。
动火工作负责人签名：________ 运行许可人签名：________
许可时间：___年___月___日___时___分
10. 应配备的消防设施和采取的消防措施、安全措施已符合要求。可燃性、易爆气体含量或粉尘浓度测定合格。
消防监护人签名：________ 安监部门负责人签名：________
消防管理部门负责人签名：________ 动火部门负责人签名：________
动火工作负责人签名：________ 动火执行人签名：________
许可动火时间：___年___月___日___时___分
11. 动火工作终结时间：动火工作于___年___月___日___时___分结束，材料、工具、场地已清理完毕，现场确无残留火种，参与现场动火工作的有关人员已全部撤离，动火工作已结束。
动火执行人签名：________ 消防监护人签名：________
动火工作负责人签名：________ 运行许可人签名：________
12. 备注：
(1)对应的检修工作票编号(如无，填写“无”)：________
(2)其他事项：________

(2) 二级动火工作票　二级动火区是指一级动火区以外的所有防火重点部位或场所以及禁止明火区。见表 1-8。在二级动火区作业，应填用二级动火工作票。主要部位或场所有：

① 汽机生产现场距运行的氢冷发电机及氢管路系统十米以内；

② 排油坑；

③ 电气蓄电池室；

④ 距锅炉燃油管路，汽机油设备、管路五米以内；

⑤ 活动中心、俱乐部、招待所、档案室、资料室；

⑥ 供应公司的各所属材料库、设备库；

⑦ 各单位存有易燃易爆物品的库房内；

⑧ 电气、热工在油库进行有关电气方面的试验操作；

⑨ 制氧站、乙炔站围墙内；

⑩ 酸系统；

⑪ 皮带间及停用的制粉系统；

⑫ 厂区室外烘烤、熬炼等生火作业；

⑬ 其他禁止明火区。

1.4.2　动火作业安全防火要求

① 有条件拆下的构件，如油管、阀门等应拆下来移至安全场所。

② 采用不动火的方法代替且同样能够达到效果时，尽量采用替代的方法处理。

③ 尽可能地把动火时间和范围压缩到最低限度。

④ 凡盛有或盛过易燃易爆等化学危险物品的容器、设备、管道等生产、储存装置，在动火作业前应将其与生产系统彻底隔离，并进行清洗置换，经分析合格后，方可动火作业。

⑤ 高空进行动火作业，其下部地面如有可燃物、孔洞、阴井、地沟等，应检查分析，并采取措施，以防火花溅落引起火灾、爆炸事故。

⑥ 在地面进行动火作业，周围有可燃物，应采取防火措施。动火点附近如有阴井、地沟、水封等应进行检查、分析，并根据现场的具体情况采取相应的安全防火措施。

⑦ 动火作业应有专人监护，动火作业前应清除动火现场及周围的易燃物品，或采取其他有效的安全防火措施，配备足够适用的消防器材。

⑧ 动火作业现场的通排风要良好，以保证泄漏的气体能顺畅排走。

⑨ 动火作业间断或终结后，应清理现场，确认无残留火种后，方可离开。

表 1-8 发电厂二级动火工作票格式

盖"合格/不合格"章　　　　盖"已终结/作废"章

发电厂二级动火工作票

单位(车间)：__________编号：__________

1. 动火工作负责人：__________班组：__________

2. 动火执行人：__________

3. 动火地点及设备名称：

____

4. 动火工作内容(必要时可附页绘图说明)：

____

5. 动火方式(可填写焊接、切割、打磨、电钻、使用喷灯等)：

____

6. 申请动火时间：自____年____月____日____时____分

至____年____月____日____时____分

7. 运行应采取的安全措施：

____

8. 检修应采取的安全措施：

____

动火工作票签发人签名：__________

签发日期：____年____月____日____时____分

消防人员签名：__________安监人员签名：__________

动火部门负责人签名：__________

9. 确认上述安全措施已全部执行。

动火工作负责人签名：__________运行许可人签名：__________

许可时间：____年____月____日____时____分

10. 应配备的消防设施和采取的消防措施、安全措施已符合要求。可燃性、易爆气体含量或粉尘浓度测定合格。

消防监护人签名：__________安监人员签名：__________

动火工作负责人签名：__________动火执行人签名：__________

许可动火时间：____年____月____日____时____分

11. 动火工作终结时间：动火工作于____年____月____日____时____分结束，材料、工具、场地已清理完毕，现场确无残留火种，参与现场动火工作的有关人员已全部撤离，动火工作已结束。

动火执行人签名：__________消防监护人签名：__________

动火工作负责人签名：__________运行许可人签名：__________

12. 备注：

(1)对应的检修工作票编号(如无，填写"无")：__________

(2)其他事项：

____

⑩ 下列情况严禁动火：

a. 油船、油车停靠的区域；

b. 压力容器或管道未泄压前；

c. 存放易燃易爆物品的容器未清理干净前；

d. 风力达 5 级以上的露天作业；

e. 喷漆现场；

f. 遇有火险异常情况未查明原因和消除前。

⑪ 全厂氢系统及周围的氢含量的测试，由制氢站负责；油气体含量、煤粉尘浓度的测试，由化学车间负责。所测的可燃气体、易燃液体的可燃蒸气含量或粉尘浓度合格后方可进行动火作业。

1.4.3　动火工作票所列人员的基本条件和安全责任

(1) 动火工作票所列人员的基本条件

① 一、二级动火工作票签发人，应是经本单位考试合格，经本单位分管生产的领导或总工程师批准，并书面公布的有关部门负责人、技术负责人或有关班组长、技术员。

② 动火工作负责人应是具备检修工作负责人资格并经本单位考试合格的人员。

③ 动火执行人应具备有关部门颁发的合格证。

(2) 动火工作票中所列人员的安全责任

① 各级审批人员及工作票签发人的安全责任。各级审批人员及工作票签发人应审查：

a. 工作必要性；

b. 工作是否安全；

c. 工作票上所填安全措施是否正确完备。

② 运行许可人的安全责任。运行许可人应审查：

a. 工作票所列安全措施是否正确完备，是否符合现场条件；

b. 动火设备与运行设备是否已隔绝；

c. 向工作负责人交代运行所做的安全措施是否完善。

③ 工作负责人的安全责任。工作负责人应负责：

a. 正确安全地组织动火工作；

b. 检修应做的安全措施并使其完善；

c. 向有关人员布置动火工作，交代防火安全措施和进行安全教育；

d. 始终监督现场动火工作；

e. 办理动火工作票开工和终结；

f. 动火工作间断、终结时检查现场无残留火种。

④ 消防监护人的安全责任。消防监护人应负责：

a. 动火现场配备必要的、足够的消防设施；

b. 检查现场消防安全措施的完善和正确；

c. 监督动火部位或现场可燃气体和可燃液体的可燃蒸气含量或粉尘浓度符合安全要求；

d. 始终监视现场动火作业的动态，发现失火及时扑救；

e. 动火工作间断、终结时检查现场无残留火种。

⑤ 动火执行人的安全责任。动火执行人应负责：

a. 动火前必须收到经审核批准且允许动火的动火工作票；

b. 按本工种规定的防火安全要求做好安全措施；

c. 全面了解动火工作任务和要求，并在规定的范围内执行动火；

d. 动火工作间断、终结时清理并检查现场无残留火种。

1.4.4 动火工作票审批权限

一级动火工作票由申请动火部门负责人或技术负责人签发负责人审核，总工程师批准。

二级动火工作票由申请动火班组班长或班组技术员签发消防人员审核，动火部门负责人或技术负责人批准。

1.4.5 动火工作票的填写与审核

(1) 动火工作票的填写 动火工作票可使用计算机开票或手工开票方式进行。

动火工作票应按统一格式，按事先进行编号的顺序使用。填写应使用钢笔或圆珠笔，字迹应清楚，不得任意涂改（包括刮、擦、改）。个别错、漏字修改时，应在错字上画两道横线，漏字可在填补处上或下方作“∧”或“∨”记号，然后在相应位置补上正确或遗漏的字，并在错、漏处盖上值班负责人扁形红色印章，以示负责。错、漏字修改每项不应超过一个字（连续数码按一个字计），每页不得超过三个字，但操作顺序号和操作打“√”记号等不得作为个别错、漏字进行修改。

“运行应采取的安全措施”栏：由动火部门根据动火设备具体情况需运行单位（或许可单位）将动火设备与运行设备隔离并采取相应的安全措施（如：对机组集油槽进行动火工作，要求运行单位将该油槽油排空并断开有关电源等措施）。

“检修应采取的安全措施”栏：根据动火设备具体情况，检修工作班应采取的安全措施（如：对机组集油槽漏油进行动火工作，检修人员将排空后的集油槽油进行擦拭或清洗干净；并确认检修动火设备周围无易燃易爆物品；机组集油槽内已采取排风措施；消防设施已符合现场工作要求等），以及现场工作需要采取防火隔离措施和安全注意事项均由动火单位实施完成的措施。

消防专责签字：消防专责在工作前应检查核实现场配备的消防设施和采取的消防措施已符合要求，并进行可燃性，易爆气体含量或粉尘浓度测定合格后确认签名。

允许动火时间：指动火工作各种安全措施均已落实完成，由消防专责填写允许正式动火工作开始时间。

动火结束时间：动火工作结束，由动火工作班将现场清扫干净后，经动火执行人，动火工作负责人，消防监护人检查确认现场无残留火种后分别签名，由动火工作许可人填写动火工作结束时间并签名。

备注栏：由审核，审批该动火工作票的各级负责人，根据动火工作需要提出的补充措施或要求可以填入，但谁填写由谁签名方可生效。

(2) 动火工作票的审核　动火工作票出现下列情况之一者，为不合格动火工作票。

① 无编号或错号、重号。

② 工作地点、设备名称特别是设备双重编号者填写不全或涂改者。

③ 应填写的项目未填写或填写不正确、不清楚。

④ 未按规定签名或代签、漏签。

⑤ 应采取的安全措施不完全、不准确或要求采取的安全措施与设备状况不符。

⑥ 字迹不清，难以辨认者。

⑦ 使用超期的动火工作票。

⑧ 动火工作票签发人、动火工作票负责人、动火工作票许可人、动火工作票执行人不符合规定者。

⑨ 应办理一级动火工作票的工作，却办理二级动火工作票。

⑩ 动火工作票丢失、损坏或未随身携带。

⑪ 已经执行的动火工作票终结后，未盖“已执行”章。

⑫ 用热机工作票或其他工作票代替动火工作票。

⑬ 未按规定办理终结手续或工作结束后未进行现场残留火种检查者。

⑭ 执行中发生异常、事故和未遂等不安全现象。

1.4.6　动火工作管理规定

① 动火工作票应事先编号，未经编号的动火工作票不准使用。

② 动火工作票应用黑色或蓝色笔填写，不准使用红色笔或铅笔。填写要清晰，不得任意涂改。

③ 动火工作票至少一式二份，一份由工作负责人收执，一份由动火执行人收执。

④ 动火工作终结后应将这两份工作票交还给动火工作票签发人。一级动火工作票应有一份保存在厂安监部，二级动火工作票应有一份保存在动火部门。若动火工作与运行有关时，还应多一份交运行人员收执。

⑤ 动火工作票签发人不得兼任该项工作的工作负责人。动火工作负责人可以填写动火工作票。动火工作票的审批人、消防监护人不得签发动火工作票。

⑥ 动火工作票不得代替设备停、复役手续或检修工作票。

⑦ 动火工作间断或终结时应清理现场，认真检查和消除残留火种。

⑧ 已执行的动火工作票均应在票的右上角加盖“已执行”章。每月由车间统一收回保存三个月。

⑨ 各级人员在发现防火安全措施不完善不正确时，或在动火工作过程中，发现有危险或违反有关规定时，均有权立即停止动火工作，并报告上级防火责任人。

⑩ 一、二级动火工作票签发人应考试合格，并经厂总工程师批准并书面公布。动火执行人应具有市劳动部门颁发的合格证。

⑪ 外单位来生产区内动火时，应由负责该项工作的本厂人员按动火等级履行动火工作票制度。

1.4.7 动火工作票的执行程序

(1) 签发工作票 工作票签发人根据工作任务的需要和计划工作期限确定工作负责人。工作票一般应由工作票签发人填写，一式二份。签发时应将工作票全部内容向工作负责人交代清楚。工作票由工作负责人填写时，填完后交工作票签发人审核。工作票签发人对工作票的全部内容确认无误后签发，并仍应将工作票全部内容向工作负责人做详细交代。工作票应由工作负责人送交运行班长。

(2) 接收工作票 工作票应在开工前一小时，送交运行机长（主值），由机长对工作票全部内容进行审查；必要时在“运行应采取的安全措施”栏内填好补充安全措施，确认无问题后记上收到工作票时间，并在机长处签名。审查发现问题应向工作负责人询问清楚，如安全措施有错误或重要遗漏，工作票签发人应重新签发工作票。机长（主值）签收工作票后，送交值长审批。

(3) 安全措施的审批、执行及工作许可 由化验人员对动火现场测定可燃气体、易燃液体的可燃蒸气含量或粉尘浓度，并签注意见。化验人员签注上述气体含量或粉尘浓度合格、可以进行动火作业的意见后，由各级审批人员对工作票进行审核批准。然后根据工作票布置执行安全措施。在安全措施全部执行完毕后，并经消防监护人认可，工作负责人、运行许可人、动火执行人共同到现场检查，无误后办理开工手续。

(4) 开始工作 动火工作开始前，工作负责人应将分工情况、安全措施布置情况及安全注意事项向全体工作人员交代清楚后，方可下达开工命令。

工作负责人和运行许可人不允许在许可开工后单方面变动安全措施。如需变动时，应停止工作并经双方同意，重新履行动火工作票制度。

(5) 动火现场的监护　一、二级动火在首次动火时，各级审批人员和动火工作票签发人均应到现场检查防火安全措施是否正确完备，测定可燃气体、易燃液体的可燃蒸气含量或粉尘浓度是否合格，并在监护下做明火试验，确认无问题后方可动火作业。

一级动火时，动火部门负责人或技术负责人、消防人员应始终在现场监护。二级动火时，动火部门应指定人员，并和消防人员或指定的义务消防人员始终在现场监护。

一、二级动火工作票在次日动火前必须重新检查防火安全措施并测定可燃气体、易燃液体的可燃蒸气含量或粉尘浓度，合格方可重新动火。

一级动火工作过程中，应每隔 2～4 小时现场测定一次可燃气体、易燃液体的可燃蒸气含量或粉尘浓度是否合格，当发现不合格或异常升高时应立即停止动火，在未查明原因或排除险情前不得重新动火。

(6) 工作终结　动火工作完工后，工作负责人应全面检查并清理现场确认无残留火种后带领工作人员撤离现场。工作负责人、动火执行人会同运行许可人、消防监护人共同到现场检查验收。确认无问题时，办理终结手续。

1.5 交接班制度

运行值班人员在进行交班和接班时应遵守有关规定和制度，称为交接班制度。

交接班制度是保证连续正常发供电的一项有力措施。通过实施交接班制度，可有效组织运行人员的劳动协作关系，使生产过程有效衔接；通过履行有效的交接程序，管理已确认的风险，从而保障发电机组的安全、稳定、经济运行。

交接班检查是指运行人员在相互交接班过程中，根据岗位分工对相关的设备和系统进行检查。

1.5.1 交接班的要求

① 运行人员按规定的轮值表和时间进行交接班，未经部门负责人同意不得自行调换值班时间。

② 接班人员必须在接班后方可进行工作，交班人员未办理交接手续不得离开岗位。

③ 交接正点时接班人员仍未到达岗位，交班人员应继续留下工作，并将此情况汇报值长，待接班人员到来后完成交接手续后方可离开岗位。

④ 接班人员在交接班时间前30分钟到达值班地点，按照规定内容进行交接班前的检查，遇有重大操作或特殊实验情况时，值长、主值和主要岗位人员应提前进入现场了解情况。

⑤ 在重要操作过程中或发生事故时，不得进行交接班，接班人员可在交班人员的指挥下协助操作，待事故处理完毕或操作告一段落，且接班人员已将运行情况了解清楚后，经交接班值长同意后方可进行交接班。

⑥ 设备如有重大缺陷或异常运行情况时，交接班双方同到现场，待情况了解清楚后经交接班值长批准，方可进行交接班。

⑦ 各岗位必须建立交接班记录簿，实行岗位对口交接。

⑧ 岗位交接班发生矛盾时应立即汇报双方当班负责人。

⑨ 交班前半小时内一般不进行重大操作。

1.5.2 交接班的执行

① 接班人员到现场后，交班人员要主动向接班人员详细介绍本班全部工作情况，并虚心听取接班人员提出的问题及意见。

② 遇有下列情况之一者应主动不交班：a. 异常运行处理或重大操作未告一段落；b. 设备异常未查清；c. 接班人员精神状态不佳，威胁设备和人身安全。

③ 接班人员听取交班人员介绍情况，查阅运行日志和有关技术记录以及工作票的收发情况，对于记录不全的地方要提出疑问，了解清楚。

④ 接班人员进行岗位专责设备的现场检查，对于检查中发现的问题，应主动向交班人员提出，不能自行处理。

⑤ 主要接班人员正点前5分钟参加值长或主值或班长主持的班前的碰头会。

⑥ 各岗位向值长或主值或班长汇报前几个班的设备变动情况，工作票的收发情况及设备检查情况。

⑦ 值长或主值或班长布置当班计划工作，天气变化、设备异常等情况，做好事故预想，防止对策，传达有关部门的命令指示。

⑧ 遇有下列情况之一者，应待交班人员工作结束后方可接班：

a. 定期倒换及实验中应倒未倒，应试未试，交班工作应做未做或做得不彻底；

b. 设备异常追查，处理不完善，采取措施不全；

c. 设备检修安全措施做得不全，影响人身及设备安全；

d. 安全用具、备件、仪表、钥匙、工具、公用资料、急救药箱不全；

e. 运行方式不合理，违反规程规定；

f. 设备缺陷应清除，未找检修消除；

g. 上级有关命令未记录或记录不清；

h. 岗位卫生未达到要求。

⑨ 交接班应严格履行签字手续，接班者同意接班应先签字，然后交班者签字后方可离开现场。

1.5.3　交班人员职责

① 交班人员应在 30 分钟前做好本岗位所辖设备的检查、加油、试验、倒换、清洁卫生等工作，符合有关标准的规定，使设备运行情况处于正常状态。

② 将运行日志、表单、各项记录编写清楚、整理有序，运行日志填写应包括以下内容：运行方式、设备缺陷和检修情况，设备倒换和定期工作情况、实验情况、主要操作和异常情况，并将各种材料工具清点完好，整理齐全。

③ 交班人员有义务向接班人员详细交清本班的运行情况，发生的各种异常及其初步分析和采取的措施及注意事项，对重要的设备变动或设备缺陷应到现场向接班人员交接清楚后，并在接班人员检查听取接班者对本班的各种意见后根据所提出的问题做好工作。

④ 重要的异常情况应向发电运行部门负责人和公司生产负责人汇报。

⑤ 履行交接手续。

⑥ 交班后参加班后碰头会，向值长或主值或班长汇报本班工作，总结本班中工作的经验教训。

1.5.4　接班人员职责

① 察看运行日志、表单、记录、掌握运行方式，观察表盘各表计指示，各主要参数是否正常。了解前几个班异常教训，经济指标完成情况和设备缺陷、检修情况及安全隔绝措施，按管辖设备检查路线、检查设备及卫生情况，根据气候条件、设备异常情况及运行薄弱环节做好本班事故预想。

② 向交班人员提出询问，包括要求到现场交接班，接班人员在接班检查中发现异常情况，应立即与交班人员联系并向值长或主值汇报，重要的异常情况应向发电运行部门负责人和公司生产负责人汇报。

③ 履行交接手续。

1.6　巡回检查制度

运行值班人员在工作期间，负责对管辖设备及系统进行定时、定点、定责全面检查的制度，称为巡回检查（简称巡查）制度。

通过实施巡查制度，可使运行值班人员能够充分了解设备的运行状态，及时发现设备缺陷，从而迅速采取措施消除或防止其扩大，将事故消灭在萌芽中，减少经济损失，保证发电设备安全运行。

1.6.1 专用技术术语

① 定期巡回检查是指在机组正常运行或停运后，按规定的时间对所管辖的设备和系统进行的检查。

② 不定期巡回检查是指在机组运行或停运过程中，根据设备或系统存在的问题，在原规定的时间外相应增加的对管辖设备和系统进行的检查。

③ 特殊情况检查是指在设备启动和停止、系统在投运和停运时、特别需要时以及遇有特殊天气（如大风、大雪、雷雨、闪电、洪水、溃坝、高温、寒流）时，对所辖设备、系统及预防措施进行的细致检查。

1.6.2 巡查的实施要求

① 检查范围主要以专业为基础，以岗位专责为依据，并同时考虑空间的因素，把生产现场和设备的检查全部落实到各个岗位。

② 检查时间间隔的选择主要取决于设备的性质、技术条件和健康状况；其次考虑接班检查、班中检查和交班检查的衔接。

③ 重要运行设备和系统（由各运行单位根据本单位设备和系统进行划分，如：汽轮机、发电机、主变压器、汽动给水泵等；励磁系统、润滑油系统、调速油系统等）每 1 个小时检查一次；辅助设备和系统（由各运行单位根据本单位设备和系统进行划分，如：疏水泵、电动执行机构等；厂用汽、辅助设备冷却水系统等）每 2 个小时检查一次。

④ 运行设备和系统有缺陷时在原规定检查时间上缩短一半时间，即：重要设备和系统每 30 分钟检查一次；辅助设备和系统每 1 个小时检查一次。

⑤ 巡查路线的确定不能出现遗漏，同时保证人员的安全，并选择直线捷径。

1.6.3 巡查的主要内容

巡回检查的主要内容包括：

① 设备系统的运行、备用是否正常。

② 运行设备系统的有关参数指标是否合格（如：声音、振动、压力、温度、电压、电流、液位等）。

③ 设备系统有无 7 种泄漏现象（漏煤、漏水、漏气、漏灰、漏风、漏烟、漏油）。

④ 设备、系统附件是否齐全完好。

⑤ 现场安全防护设施是否齐全完好。

⑥ 建筑物、构筑物及其他现场设施的完好情况。

⑦ 生产现场和设备、系统的卫生状况。

⑧ 有关防暑度夏、防寒防冻设施的完好情况。

⑨ 常用工器具的数量和完好情况。

⑩ 有关记录、指示的情况及变化趋势。

1.6.4 巡查的程序和方法

巡查的程序和方法包括三个阶段的内容，即：

① 准备阶段。要求做好以下准备工作：

a. 全面掌握检查对象的状态；

b. 做好离岗前的交接或通知有关人员；

c. 配带好工具，如：通信工具、手电筒、听针、棉纱、电气静电测量笔等。

② 执行阶段。按照规定的路线和项目，对生产现场和机器设备进行实地考查分析判断。

③ 终结阶段。主要做好以下收尾工作：

a. 向有关人员汇报检查情况；

b. 填写检查记录；

c. 发现缺陷时办理缺陷记录。

1.6.5 对巡查人员的要求

为了保证巡回检查制度的落实，对巡查人员有如下要求：

① 按照运行部门制定的管理标准，在当值期间按规定时间和巡回检查路线，对各自岗位所管辖的设备和系统进行全面细致的检查，不遗漏项目，并对检查的数据准确性负责。

② 巡查人员应熟悉设备的检查标准，掌握设备的运行情况，在发现问题后能够分析原因并做出及时处理与防患措施。正确掌握设备的急停规定，避免事故扩大或设备损坏加剧。

③ 遇有特殊情况，除按规定检查外，值班人员应按运行方式、设备缺陷、气候、新设备投入等情况，有针对性地增加检查次数。根据现场生产实际情况，运行、检修设备专责人，主动对设备不定期巡回检查和特殊巡查。不定期巡回检查和特殊巡查的结束，由运行、检修专业技术人员做出决定，由值长宣布。

④ 巡回检查高压设备时，不得进行其他工作，不得移开或越过遮栏。

⑤ 检查中发现异常情况，检查人员应根据有关规程规定和具体情况予以处理，并及时汇报。

⑥ 在检查中如发生机组事故时，应立即返回本岗位，进行事故处理。

⑦ 检查中对设备遇有疑问或不明白的问题，不得随意乱动设备或将其退出

运行。

⑧ 因巡回检查不到位，不认真，应发现而未发现设备缺陷造成事故，要追究有关人员责任。

⑨ 进入现场危险区域或接近危险区域时，必须严格执行安规有关规定。

⑩ 不放过发现的一切异常现象和声音变化、异常气味、地面渗水、漏油痕迹。

⑪ 对于不利检查的地方，如声音杂乱、多种干扰因素及其他不易辨别的情况，检查时要更加仔细，不要被外界不利因素所干扰。

⑫ 对于可靠性差的设备或可能出现问题的设备应增加一倍的次数进行细致的检查。

⑬ 巡检中发现设备着火或危及人身安全时，应立即采取紧急措施，根据安规规定的灭火方法进行灭火或抢救。对于现场无法停电的设备，应及时汇报，联系停电。

1.7 设备定期试验与切换制度

发电厂运行人员根据规定对主要设备进行定期试验与切换运行的制度称为设备的定期试验和切换制度。

通过对设备实施定期试验与切换，可以使机组的保护、自动和联锁等装置，备用设备和阀门等在需要的时候能够发挥出应有的作用；可及时发现设备的故障和隐患，及时处理或制定防范措施，从而保证备用设备的正常备用和运行设备的长期安全可靠运行。

1.7.1 专用技术术语

① 定期试验指运行设备或备用设备进行动态或静态启动、传动，以检测运行或备用设备的健康水平。

② 定期轮换指将运行设备与备用设备定期进行倒换运行。

③ 测绝缘电阻指测量电气设备的绝缘电阻，检测电气设备电气回路的绝缘情况。

1.7.2 管理要求

① 定期试验、切换工作应按照运行、检修规程规定，在规定时间内进行，由专人负责，工作内容、时间、试验人员、设备情况及试验结果应在专用定期试验记录本内做好记录。

② 在设备定期试验及轮换之前，必须做好详细的切换及试验计划，并做好

事故预想。

③ 由于某些原因，本值不能进行或未执行的，应在定期试验记录本内记录其具体原因，并且在下个班补做。

④ 定期试验工作结束后，如无特殊要求，应根据现场实际情况，将被试设备及系统恢复到原状态。

⑤ 备用设备定期测绝缘电阻前，应事先同设备值班员联系好，解除设备的联锁并停电，以防设备突然启动。

⑥ 测绝缘电阻前，必须按设备的电压等级选择合适的兆欧表，并检查兆欧表的好坏。

⑦ 使用兆欧表测量高压设备绝缘，应由两人担任，并戴上绝缘手套。

⑧ 测绝缘时，必须将被测设备断开电源，验明无电压，确实证明设备无人工作后，方可进行。在测量中禁止他人接近设备。

⑨ 在测量前后，必须将被测设备对地放电。

⑩ 在带电设备附近测量绝缘电阻时，测量人员和兆欧表安放地点，必须选择适当，保持安全距离，以免兆欧表引线或引线支持物触碰带电部分。移动引线时，必须注意监护，以防工作人员触电。

1.7.3 发电运行各专业设备定期试验和轮换工作内容

发电运行各专业设备定期试验和轮换工作内容如表 1-9～表 1-14 所示，各发电公司可根据设备实际情况进行取舍。

表 1-9　电气设备定期试验和轮换工作内容

序号	内容	参考时间	备注
1	柴油发电机试转	每月一次	
2	主变、高厂变、高厂备变冷却器双路电源切换试验	每月一次	
3	6kV 备用电机测绝缘	每月两次	
4	380V 备用电机测绝缘(包括直流及交流 75kW 以上备用电机)	每月两次	
5	事故照明盘交直流电源切换试验	每月两次	
6	直流备用网络、主充变测绝缘及主充机升压试验	每月一次	
7	发电机轴承及油管路测绝缘	每月一次或开机前进入启动状态后	
8	发电机、励磁机滑环吹扫	每月两次	
9	低压备用变压器及备用网络测绝缘	每月两次	
10	低压备用变压器充电试验	每两个月一次	
11	高厂备变及备用网络测绝缘、有载调压分头传动、定期充电试验	测绝缘每月一次，分头传动与充电每三个月一次	

续表

序号	内容	参考时间	备注
12	6kV 母线段备自投试验	停机 7 天以上的第三天（每季度内只能进行一次）	
13	380V 母线段备自投试验	停机 7 天以上的第三天（每季度内只能进行一次）	
14	具有双路电源动力盘、闸门盘等电源互投试验	由检修转运行后，未带负荷前。	
15	高厂变有载调压分头传动试验	变压器充电前（间隔三个月以上）	

表 1-10 汽轮机设备定期试验和轮换工作

序号	工作内容	参考时间	备注
1	6kV 水泵倒换	每月两次	
2	380V 直流油泵、水泵、排油烟机倒换、启停	每月两次	
3	高、中压自动主汽门活动试验	每天一次	
4	中压调门活动试验	每天一次	
5	再热段排气门活动试验	每星期一次	
6	电动主闸门活动试验	每月一次	
7	凝结器循环水出入口门活动试验	每月一次	
8	工业水系统旋转滤网	每天一次	
9	真空严密性试验	每月一次	
10	抽汽逆止门活动实验	每月一次	
11	厂用汽系统、除氧器安全门	每三个月一次	配合检修人员进行

表 1-11 锅炉设备定期试验和轮换工作

序号	内容	参考时间	备注
1	锅炉受热面蒸汽吹灰		根据各厂具体情况确定
2	锅炉受热面微动水吹灰		根据各厂具体情况确定
3	锅炉受热面远射程吹灰		根据各厂具体情况确定
4	制粉系统切换		根据各厂具体情况确定
5	空预器吹灰		根据各厂具体情况确定
6	密封风机切换		根据各厂具体情况确定
7	一次汽安全门电磁回路试验	每月一次	
8	排水泵、疏水泵运行切换	每月一次	
9	冷油器排污	每月一次	
10	风机油站切换	每月一次	

表 1-12　燃料专业定期试验和轮换工作

序号	内容	参考时间	备注
1	翻车机系统可靠性试验	每周一次	
2	停止按钮可靠性试验	每月一次	
3	拉线试验	每月一次	
4	皮带系统联锁	每月一次	
5	斗轮机紧停及联锁试验	每月一次	
6	煤仓切换试验	每周一次	
7	手操盘启动、停止试验	每月一次	
8	碎煤机挡板系统倒路切换	每周一次	
9	消防系统水幕试验	每季一次	
10	油区联锁、消防、泵切换试验	每月一次	
11	启动备用系统试验	每天一次	
12	污水泵切换	每周一次	

表 1-13　除灰专业定期试验和轮换工作

序号	内容	参考时间	备注
1	渣浆泵及渣管轮换试验	每周一次	
2	回水泵、泥浆泵、排污泵轮换试验	每月一次	
3	灰库、灰斗气化风机试验	每月一次	
4	空压机倒换试验	每月一次	
5	电场试验	每月一次	
6	干除灰系统停运	每天一次	
7	备用空压机试转	每周一次	
8	380V 备用电机测绝缘	每月两次	
9	料位计断电	每周一次	

表 1-14　化学专业定期试验和轮换工作

序号	内容	参考时间	备注
1	连续运行离心泵轮换试验	每周一次	
2	水箱切换	每月一次	
3	计量箱澄清器切换试验	每月一次	
4	亚铁、食盐过滤器再生	每周一次	
5	氢干燥器再生	每月一次	
6	切换电解槽	每两个月一次	
7	闭式循环冷却水泵、换热器切换试验	每周一次	

1.8 运行分析制度

发电厂的运行分析是运行管理的主要内容之一，开展运行分析是促进各级生产管理人员和运行值班人员掌握设备性能及其变化规律，保证机组安全、经济、稳发、满发的重要措施。运行分析质量的高低，直接反映了生产管理人员和运行人员的业务水平以及机组安全经济运行水平。因此，生产技术部门要每月组织运行管理部门有关人员进行运行分析，以便及早发现和及时解决问题；制订经济运行方案，提出操作措施和方法，指导运行人员的操作，不断提高机组运行的经济性。

运行分析就是以机组的安全经济运行为主要目标，根据所掌握的技术资料，运用科学的方法，针对设备（或系统）运行中的各项参数变化来分析设备（或系统）的安全经济性能及其发展变化规律，从而及早发现设备（或系统）的异常及事故隐患，或找出设备（或系统）的最佳启停方案以及最佳运行工况。

运行分析制度是为了保证火电厂安全、经济运行而制定的一种运行管理制度。

1.8.1 运行分析的基础工作

运行分析是一项细致的、经常性的工作。它要求运行值班人员监盘时要精力集中，认真监视仪表、信号指示的变化，按时准确抄表记录，认真进行巡回检查；及时把监盘、巡回检查观察到的情况及出现的异常情况进行综合分析；然后及时进行操作调整，严格控制设备的各种参数。为了便于运行分析应做好以下基础工作：

① 运行岗位上的各种值班记录簿、运行日志及各种登记簿等原始运行资料应正确填写，内容完整，并应书写清楚，保管齐全。

② 各种记录仪表（包括巡测打印）应随同设备投入使用，并做到指示准确。

③ 汽轮机运行专业应做好以下各种曲线：

a. 调整段工况分析曲线，包括主蒸汽流量、调整段汽压、各段抽汽压力、调整门后压差等参数的曲线。

b. 调速汽门开度变化分析曲线，包括流量、调速汽门开度、二次油压、背压、循环水温度等参数的曲线。

c. 给水泵出力分析曲线，包括给水母管压力、给水流量、电机电流等参数的曲线。

d. 轴承振动变化曲线，包括振动值、振动频率、负荷等参数曲线。

④ 锅炉运行专业应做好以下各种曲线：

a. 锅炉烟气侧阻力分析曲线，包括省煤器后、吸风机入口烟气压力参数曲线。

b. 锅炉汽水系统阻力趋势分析曲线，包括炉前给水压力、省煤器进口压力、过热器出口压力的变化曲线。

c. 绘制高温过热器后烟温、排烟温度变化曲线。

⑤ 电气运行专业应做好以下各种曲线：

a. 水内冷发电机转子绝缘变化曲线。

b. 水内冷发电机定子绕组温度与进水温度差的变化曲线。

c. 水内冷发电机定子、转子进水压力与流量的关系曲线。

d. 氢冷发电机氢压与负荷的关系曲线。

e. 主变压器空载损耗和负载损耗曲线。

⑥ 化学运行专业应做好以下各种曲线：

a. 炉前给水含铁量监视曲线。

b. 凝结水导电度与钠离子表指示的监视曲线。

c. 酸、碱耗指标的变化曲线。

d. 全厂水汽损失率变化曲线。

e. 凝结水溶解氧变化曲线。

1.8.2　运行分析的种类和内容

运行分析大体上可以分为三种形式：岗位分析、定期分析和专题分析。各级生产管员和各岗位运行人员应根据各自的管辖范围，采用适合本岗位的分析形式，以充分调动运行人员的积极性。

(1) 岗位分析　岗位分析是指运行值班人员在值班时间内对仪表指示、设备参数变化、设备异常和缺陷、操作异常等情况进行分析，并将分析和处理情况记录在运行分析专用记录簿内的一项工作。

岗位分析是运行人员工作的重要内容。岗位分析工作的广度和深度是运行人员自身素质和值班质量的重要标志，也是确保机组安全经济运行的最根本的要素。岗位分析是一项细致的、时时刻刻都在进行的工作，每个运行人员必须以高度的主人翁责任感，严肃认真的工作作风，本着对自己负责、对企业负责的态度扎扎实实地做好这项工作，把监盘、抄表和巡回检查中所观察到的现象有机地结合起来进行综合分析，及早发现异常、及时调整处理，做到严格控制设备的各种参数，使之不超过规程规定的允许值，尽可能地将事故消灭在萌芽状态，减少设备、系统的非计划停运次数，将设备损坏程度降至最低，保证机组在安全、经济工况下运行。

岗位分析的内容很多，主要有以下几个方面：

① 接班前对设备运行状况、指标、参数全面的检查分析。这是保证接班后相当一段时间内设备安全运行的及其重要的一关。在接班后半小时内出现事故、

异常的事情屡见不鲜，其根本原因就是在接班前检查时没有对设备状况、指标、参数进行全面的了解和认真分析，没有认真履行“交接班制度”。

② 监盘时对各种仪表的显示、记录和参数的变化进行分析。监盘的过程实际上就是监视、分析、调整的过程。在监盘时，首先是要看到运行参数的变化；其次是对参数变化的原因、变化的趋势进行综合的、正确的分析；然后根据分析得出的结论进行调整、处理。这三个步骤环环相扣，每一个步骤都是关键。能否看到运行参数的变化，反映了值班人员最起码的工作态度；分析结果的正确与否是能否正确调整、处理的前提，直接体现了值班人员业务水平的高低；调整、处理的过程实际是对值班人员的心理承受能力、动手操作能力的考验，这就要求在平时的培训中不仅要重视业务的学习，还要重视对人员心理素质的训练。

③ 抄表时对各种仪表指示、记录曲线进行对比或趋势分析。随着计算机的广泛应用，各种参数、分析报表等记录都可以由计算机自动完成，抄表也似乎变得可有可无。不少电厂也曾尝试取消抄表，以减少值班人员的工作量，但不久又都恢复了抄表，究其原因就是因为监盘人员在正常的监盘过程中，把主要精力放在了对重要参数（如汽温、汽压、负荷、给水温度等）的监视和调整上，忽略了对其他参数的监视工作，即使某些参数长时间发生了异常，值班人员也不知道，以致导致设备损坏。所以抄表可以看成是强制值班人员定期对机组运行参数进行全面巡视的一项措施，不能偏废。

④ 巡回检查时应注意跑、冒、滴、漏、振、卡、松、磨、断、裂等情况的发生，对设备出现的不正常声响、振动、温度、液位、电流等异常变化，应及时进行分析。随着计算机在电厂生产过程中的广泛应用，大量的监视、计算工作均由计算机完成，如压力、温度、振动、电流、流量等参数都已送入计算机控制系统中，这些参数一旦有异常变化，计算机都能够及时发出报警。这也使巡回检查变得似乎不那么重要了，但实际上这种想法是极其错误的。因为许多设备、许多参数并没有全部进入计算机控制系统，而且不巡检也不了解现场实际情况，有经验的师傅，通过看、听、嗅、摸等手段，可以及时对设备运行状况进行综合分析，能够及时地发现设备隐患。

⑤ 设备启动、停止过程中，对其运行情况和参数变化趋势进行全过程的分析。设备启动、停止过程是设备各参数变化最快的时候，也是最容易引起设备异常、出现故障的时候。特别是机组启、停时，汽轮机的缸体温度、胀差、温升率、振动、瓦温等最容易出现偏差。因此，通过对设备启动、停止过程中各参数变化趋势的分析，能够及时地发现设备的异常情况，以确定该设备能否长期稳定运行。

⑥ 设备定期倒换、试验和运行方式改变时，应对新投入运行的设备加强监视并及时进行分析。设备定期倒换、试验前，应对备用中的设备情况进行全面的检查分析，做到心中有数，只有这样，倒换中一旦运行或备用设备出现异常才能

够从容处理。因设备定期倒换、试验前对设备状况不清楚、分析不到位，而在倒换、试验中出现操作失误或对出现的设备异常处理不当的例子是很多的。

⑦ 对运行本班或其他班经常出现的有关事故、障碍、异常等不安全情况进行分析，从中吸取经验教训。

⑧ 对锅炉耗油量、耗煤量进行分析。

⑨ 对电气、热力系统或机组运行方式的经济性、安全性进行分析。

(2) 定期分析　定期分析是指每隔一定的时间（一般为一个月）定期进行的运行分析。定期分析工作是在岗位分析的基础上进行的运行分析。包括：班组定期分析、运行管理部门定期分析、厂部定期分析。

经过定期分析可进一步摸清设备存在的隐性缺陷和薄弱环节，提出改进意见，并安排实施。定期分析的步骤为：按月汇总各种运行记录，进行综合分析；根据逐日绘制的参数分析曲线，进一步分析其演变趋势；将设备历史运行状况与当前运行状况进行对比分析。

厂部定期分析的内容一般包括：

① 机组在分析间隔内的安全情况以及经济指标完成情况。

② 影响机组安全、经济、稳定、满发的各种因素的分析。

③ 设备大、小修前后和重大改进前后，机组运行工况、安全、经济性能的比较分析。

④ 机组在各种运行工况（低负荷、中负荷、高负荷三种）下的安全性、经济性的分析。

⑤ 针对设备存在的问题提出改造方案，并安排实施。

⑥ 针对运行参数存在的问题提出运行操作措施，并贯彻执行。

⑦ 对经济调度进行分析。

⑧ 根据国内外资料及兄弟厂的经验或教训，结合本厂实际情况，提出有预见性、针对性的改进措施。

班组的定期分析和运行管理部门的定期分析以专业分析的方式进行。专业分析由运行部门的运行专责技术人员负责，每月将运行记录整理加工后，对运行方式及影响机组安全、可靠、经济、出力等各种因素进行系统地分析，并将分析情况报运行管理部门和厂生技部门，作为月度运行分析活动的资料。

汽轮机专业应进行以下分析：

① 轴向位移、推力瓦温度的变化分析。

② 冷油器出油温度变化的分析。

③ 对抽汽压差、抽汽温度进行监视分析。

④ 对调速汽门开启顺序及调速汽门开度与负荷的关系进行监视分析。

⑤ 对机组给水温度、加热器投入率、补充水率分析。

⑥ 对凝汽器端差、真空及真空严密性分析。

⑦ 对非生产用汽分析。

⑧ 对冷却塔效率、汽轮机效率分析。

⑨ 对循环水泵运行方式分析。

锅炉专业应进行以下分析：

① 超温情况分析。

② 燃烧情况分析。

③ 对点火用油量、助燃用油量分析。

④ 锅炉效率的月度分析。

⑤ 对飞灰可燃物的分析。

⑥ 对排烟温度的分析。

⑦ 对制粉单耗的分析。

电气专业应进行以下分析：

① 发电量、供电量分析。

② 厂用电量、变压器损耗分析。

③ 对220kV及以上电气设备的运行情况的分析。

④ 对运行操作进行分析。

⑤ 对非生产用电分析。

(3) 专题分析 专题分析是在岗位分析和定期分析的基础上进行的，在生产厂长、总工程师或副总工程师的组织下，主要由相关的技术管理人员参加的，针对机组运行过程中出现的难以解决的问题或重大改进项目而进行的分析，它所涉及的技术性很强，范围较宽。专题分析的课题应根据岗位分析和定期分析的情况提出，或根据系统、设备运转情况提出。

专题分析内容一般包括：

① 影响机组安全、经济、满发的薄弱环节和老、大、难缺陷。

② 机组主要运行参数的变更及重大运行技术问题。

③ 机组大修前后，设备、系统的运行工况和薄弱环节。

④ 分析频发性不安全情况的原因及制订相应的防范措施。

⑤ 对金属、绝缘、化学、热工和电气仪表五项监督情况的分析，重大的不安全情况的专题分析。

⑥ 根据国内或公司内的安全通报，结合本厂实际总结兄弟厂的经验教训，提出有针对性的分析。

⑦ 对事故、障碍、异常情况从违反规章制度、操作处理方法、设备本身及人员技术素质四个方面进行的分析。

1.8.3 运行分析的方法

运行分析的方法有多种，下面介绍常用的几种方法。

(1) 对比分析法　对比分析法就是同一现象在不同条件下量的比较。一般常用于单项指标、参数的分析。例如：锅炉飞灰可燃物与规程中的规定值或铭牌值对比，与去年同期数据相对比（同比），与上一个月数据相对比（环比），设备检修和异动前后的数据对比，与国内先进指标对比。

如下表 1-15 所示为某电厂 2005 年 6 月 9～23 日，按照 1∶9 比例掺烧朝鲜无烟煤后，1～4 号炉飞灰可燃物的实测值以及同比、环比的增加值。数据显示，不论是同比还是环比，锅炉飞灰可燃物上升幅度均较大。

表 1-15　飞灰可燃物的实测值及其对比值

锅炉编号	№1	№2	№3	№4
6 月飞灰可燃物实测值	4.3%	4.0%	6.23%	6.29%
与去年同比增加值	1.7%	1.23%	4.10%	3.73%
与上月环比增加值	0.4%	2.15%	2.56%	2.47%

无烟煤的主要特性是发热量高，但挥发分低，挥发分析出所需温度高，着火较困难，燃烧反应能力弱，火焰拖得长。高挥发分的烟煤掺入一定量低挥发分的无烟煤后，混煤的着火温度升高，着火推迟，即着火性能下降。

烟煤掺入无烟煤后，由于烟煤和无烟煤其燃烧速率差别较大，高挥发分的烟煤抢风使低挥发分的无烟煤燃尽困难，此时的无烟煤的燃尽率往往还不如单烧时的平均燃尽率，因此导致锅炉的飞灰可燃物上升。

(2) 多元分析法　多元分析法就是指某种现象受多种因素影响时，按其内在联系和一定顺序分析各个因素变动对该现象变动影响程度的方法。

(3) 统计分析法　统计分析法就是指对所要分析的对象在各种工况下的运行参数进行统计，制成表格或画出其趋势曲线，从中发现其变化规律，从而找出变化原因。

例如，某厂对滚筒式磨煤机制粉系统的制粉单耗分析采用了统计分析法。制粉单耗与负荷率的对应关系见表 1-16。

表 1-16　制粉单耗与负荷率的对应关系

月　份	1	2	3	4	5	6	7	8	9	10	11	12
制粉单耗/kW·h	19	18	17.8	19.4	18.7	18	17.7	18	18.6	21	20	20.4
出力系数/%	80	96	90	79	81	88	100	93	85	70	80	77

分析表中数据可以看出，制粉单耗与出力系数呈明显反相关系，10 月份出力系数最低，单耗最高。其原因是，在正常负荷调节范围内，作为干燥介质的二次风风温变化范围较小，在 300～350℃，且风量充足，不会影响通风出力和干燥出力。但在低负荷时，由于二次风风温变化范围较大（60%负荷时，二次风风温约 250℃，启动阶段约 170℃），这样，干燥出力就达不到磨煤机的运行要求，也就是

说，在低负荷和锅炉启动阶段制粉系统在低效率区运行，增加了制粉单耗。

1.9 设备缺陷管理制度

运行值班人员对发现的设备缺陷进行审核、登记、上报、处理及缺陷消除结果进行记录的制度称为设备缺陷管理制度。

制定设备缺陷管理制度的目的是为了及时消除设备及系统存在的缺陷，使设备保持良好的健康状态，确保火力发电机组符合安全、健康和环保等方面的要求，力求实现机组的安全、经济稳定运行。

1.9.1 专用技术术语

设备缺陷是指影响机组主、辅设备和公用系统安全经济运行及危及人身安全的异常现象。如振动、位移、摩擦、卡涩、松动、断裂、变色、过热、变形、变音、泄漏、缺油、不准、失灵、安全消防和防洪设施损坏，以及由于设备异常引起的参数不正常等。

设备缺陷按其影响程度分为一、二、三类。

(1) 三类缺陷 三类缺陷是指威胁安全生产或设备安全经济运行，可能造成机组限负荷或停机的缺陷。此类缺陷技术难度较大，不能在短时间内消除，必须通过技术改造、更换重要部件或更新设备，通过大小修才能消除。

(2) 二类缺陷 二类缺陷是指主、辅设备及其系统在生产过程中发生了不影响主设备出力和正常参数运行，但有危及机组正常安全运行的可能，需要倒系统运行消除或需要停机后在短时间内就可消除的缺陷。

(3) 一类缺陷 二、三类缺陷之外的其他缺陷。

1.9.2 缺陷处理流程

① 运行人员巡检、设备点检人员点检或检修维护人员巡检发现缺陷后，即在计算机缺陷管理系统上进行登记，或填写缺陷通知单。

② 由点检员确认并汇总本专业缺陷。根据缺陷的紧急程度及时通知检修维护人员或列入周、月检修计划中。不能短时间消除的缺陷应列入机组停机检修计划里。

③ 检修维护人员根据缺陷通知单或检修计划办理工作票，经点检员签发，运行值班员许可，开始实施消缺工作。

④ 消缺工作结束后，由点检员、运行人员及检修人员共同参与验收，合格后各方签字确认。

⑤ 设备静态验收合格后，由运行部门组织对消缺后设备进行试运工作。

⑥ 在验收工作和验收签字未完成和需要在移交前返工的项目未完成前，不

能进行设备试运。

⑦ 紧急消缺。紧急情况下，值长可直接通知检修维护人员消缺，以便及时保证设备及人身安全，有关手续可后补办理。

1.9.3 缺陷处理要求

图 1-1 所示为缺陷处理流程图。

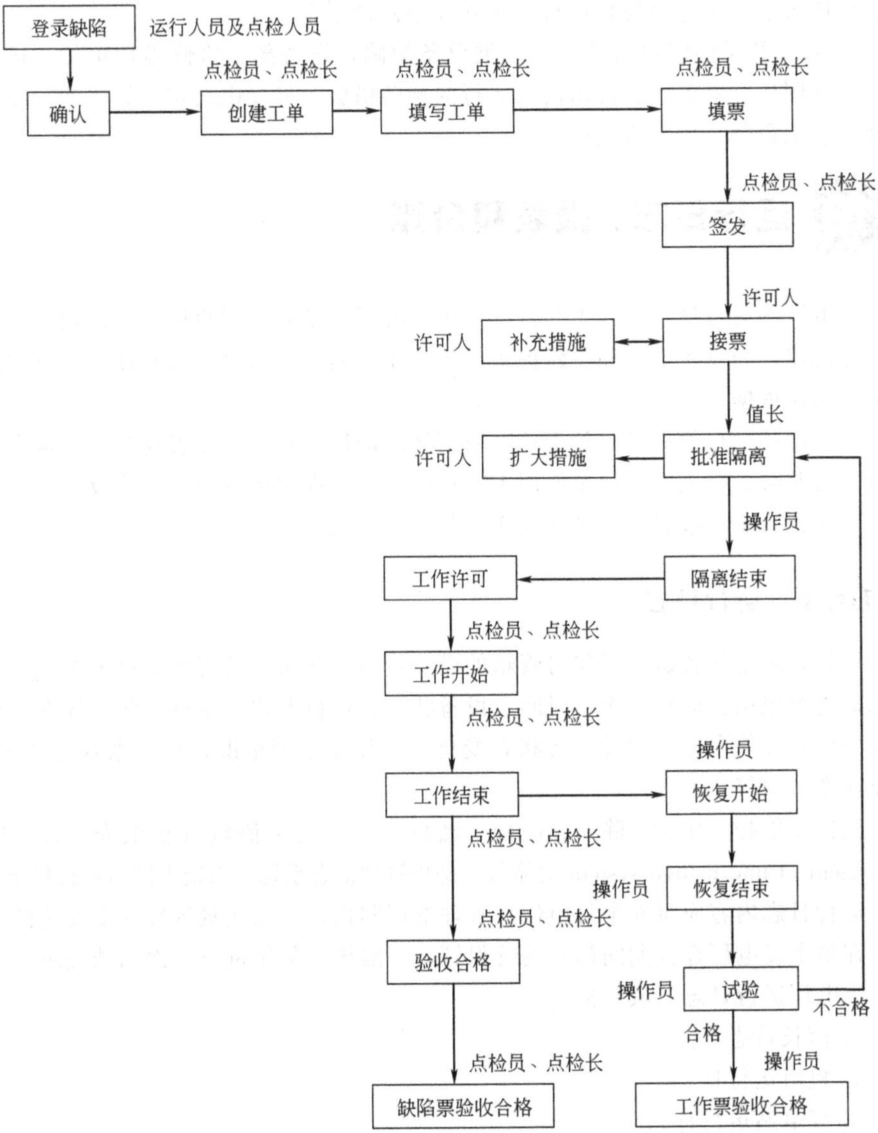

图 1-1　缺陷处理流程图

① 对于检修条件、运行条件具备消除的第一类设备缺陷和其他缺陷的消除时间不应超过 24 小时。一般情况是小缺陷不过班、大缺陷不过天。

② 对于第二类设备缺陷，检修维护单位应根据备品备件的情况提出消缺申请，经发电公司主管生产的副总经理（总工程师）批准后，由运行部门负责安排倒系统或申请低谷消缺处理。

③ 对于第三类设备缺陷，设备部、检修维护单位应责成专人负责制订检修方案，落实备品备件，方案制订后经发电公司主管生产的副总经理（总工程师）批准后作为下一次计划检修项目落实到大小修计划中。

④ 对于暂不能消除的第二、三类设备缺陷，设备部、检修维护单位、运行部门应共同研究对策，制订出监督运行的预防措施，经发电公司主管生产的副总经理（总工程师）批准后执行。

1.10 运行日志、报表和台账

发电厂的运行日志、报表和台账，可为分析设备的运行数据，掌握运行参数的变化规律，为设备维护和检修提供原始依据，同时也为机组效益评估、事故调查提供法律依据。

发电厂的运行值班员，负责填写所辖区域的运行日志、报表和台账；负责向专业主管及时汇报表单、记录使用中发现的问题，提出运行记录的修改意见；对填写的运行台账、报表、记录的真实性和准确性负责。

1.10.1 运行日志

运行日志是指各运行岗位对管辖的设备运行情况所做的现场值班记录。运行日志的内容包括：运行班次、时间、设备状态、运行方式、运行操作、异常处理过程中设备性能参数变化及设备状态变化，工作票办理情况，操作票执行情况，重要注意事项等。

值长及集控、化学、除灰、脱硫、燃料等专业的主值负责在纸介质或 MIS (management information system 的缩写，是指管理信息系统）系统上填写运行日志。

运行日志内容应每 6 个月由信息管理部门归档，并在光盘等媒介上安全的保存，在整个发电厂存续期间都将妥善保管，一般规定每年进行一次归档处理。

火电厂运行日志一般包括：

① 值长日志。

② 机组运行日志。

③ 变电站运行日志。

④ 制水运行日志。

⑤ 除灰系统运行日志。
⑥ 燃料系统运行日志。
⑦ 燃料接卸运行日志。
⑧ 脱硫系统运行日志。
⑨ 污水处理运行日志。
⑩ 废水处理运行日志。

1.10.2　运行报表

运行报表是以表格形式对设备运行参数进行定期记录的专用表格的汇总。填写运行报表有利于对设备运行性能及经济性的相关参数进行周期统计。

运行值班员按照设备、系统运行区域划分，根据设备运行情况定期将相关数据填入运行报表中。运行报表分日常报表、事故异常报表两类。

(1) 日常运行报表　日常运行报表按照安健环管理理念，按设备、系统运行区域由值班负责人根据设备在线运行实际情况将相关数据真实填写或统计汇总填报。运行报表内容一般包括报表名称、报表内容、报表日期、报表班次、填写人姓名、重要记事等。

运行日报应每个月由发电部归档保存，在整个发电厂存续期间都将妥善保管，一般规定每年进行一次归档。日常运行报表的范围主要包括：

① 发电机组运行日报（集控部分）。
② 机组汽水运行日报。
③ 化学水处理运行日报（制水、制氢、污水处理部分）。
④ 除灰运行日报。
⑤ 环保设备运行日报。
⑥ 变电站运行日报。
⑦ 制氢站设备运行日报。

除了日报表之外，为了便于运行分析比较、考核和生产数据上报，每月还要填写月报表，每年还要填写年报表。表 1-17 所示为 100MW 及以上机组月生产运行完成情况统计报表。

(2) 事故异常报表　事故异常报表是针对设备出现的异常现象，为了便于调查、分析异常原因而把相关参数以时间的变化为基准，进行间隔量化的实时数据的报表或曲线。

事故异常报表一般以书面文件的方式保存，由技术管理部门归档保存。在整个发电厂存续期间都将妥善保管，一般规定每年进行一次归档处理。

1.10.3　运行台账

运行台账是指为了规范各专业运行管理工作的专项记录本，主要包括“两票

表 1-17　100MW 及以上机组××年××月生产运行完成情况统计报表

单位：　　　　　　　　　　机组号：　　　　　　　　　　容量：　　MW

序号	名称	单位	设计值	本期		同期累计	累计比同期	序号	名称	单位	设计值	本期		同期累计	累计比同期
				本月	累计							本月	累计		
1	发电量	万千瓦时						22	端差	℃					
2	设备平均负荷	MW						23	真空度	%					
3	设备利用小时	h						24	汽耗率	kg/(kW·h)					
4	发电厂用电率	%						25	高加投入率	%					
5	发电标准煤耗	g/(kW·h)						26	汽机效率	%					
6	供电标准煤耗	g/(kW·h)						27	汽水损失率	%					
7	补充水率	%						28	循环泵耗电率	%					
8	发电水耗	kg/(kW·h)						29	给水泵单耗	kW·h/t 汽					
9	低负荷调峰时间	h						30	磨煤机单耗	kW·h/t 煤					
10	运行小时	h						31	一次风机单耗	kW·h/t 煤					
11	等效可用系数	%						32	送风机单耗	kW·h/t 汽					
12	炉主蒸汽压力	MPa						33	引风机单耗	kW·h/t 汽					
13	炉主蒸汽温度	℃						34	炉(开/停)	次					
14	炉再热汽温度	℃						35	点火油量	t					
15	氧量	%						36	炉前煤发热量	kJ/kg					
16	飞灰可燃物	%						37	入厂煤发热量	kJ/kg					
17	排烟温度	℃						38	正平衡煤折标煤	t					
18	给水温度	℃						39	正平衡供电煤耗	g/(kW·h)					
19	锅炉效率	%						40	上网电量	万千瓦时					
20	循环水入口温度	%						备注							
21	排汽温度	℃													

公司（厂）领导：　　　　部门负责人：　　　　报表人：　　　　填表日期：年　月　日

三制”、设备缺陷、设备状态、班组管理等方面的专项记录。

运行台账一般分为运行岗位常规工作台账、运行管理工作台账两种。

(1) 运行岗位常规工作台账　运行岗位常规工作台账设在一线控制室，主要以笔记形式或电子版形式保存，便于员工现场查询、校对。运行班次常规工作台账每月由发电营运部门专业主管负责审阅、分析，并每年负责归类存档。

机组控制室应设有下列运行台账：

① 机组运行规程、系统图册。

② 机组消防规程、系统图册。

③ 电业安全工作规程。

④ 设备定期工作记录。

⑤ 设备异动记录。

⑥ 事故异常记录。

⑦ 阀门传动记录。

⑧ 保护投退记录。

⑨ 检修交代记录。

⑩ 安全门校对动作记录。

⑪ 汽机振动记录。

⑫ 油箱油位记录。

⑬ 主要辅机运行小时统计。

⑭ 电网调度员操作命令记录。

⑮ 操作票、工作票登记。

⑯ 机组启动、停止操作票。

⑰ 保护开关跳闸记录。

⑱ 开关、变压器、电动机、发电机绝缘记录。

⑲ 保护定值修订、传动试验、投退记录。

⑳ 设备巡检记录。

㉑ 避雷器动作记录。

㉒ 变压器分接头调整记录。

㉓ 地线使用记录。

㉔ 发电机滑环维护记录。

㉕ 防误闭锁钥匙使用记录。

(2) 运行管理工作台账　运行管理工作台账设在专业主管固定工作地点，以电子文本形式或书面形式保存。运行管理工作台账应每 6 个月由信息管理部门归档，并在光盘等媒介上安全的保存，在整个发电厂存续期间都将妥善保管，一般规定每年进行一次归档处理。

第2章 火电厂事故预防

2.1 电力生产的事故（障碍）分类

2.1.1 火电厂人身事故及分类

（1）火电厂人身事故 火电厂人身事故是指发生在火电厂生产区域内，由于企业的劳动条件或作业环境不良，企业管理不善，设备或设施不安全，发生设备爆炸、火灾、生产建（构）筑物倒塌等造成的本厂职工及其他外来人员的人身伤亡事故。

（2）火电厂人身事故等级划分

① 特大人身事故：一次事故死亡50人及以上者。

② 重大人身事故：一次事故死亡3人及以上，或一次事故死亡和重伤10人及以上，未构成特大人身事故者。

③ 一般人身事故：未构成特、重大人身事故的轻伤、重伤及死亡事故。

2.1.2 电网事故（障碍）

（1）特大电网事故 电网大面积停电造成下列后果之一者：

① 省电网或跨省电网减供负荷达到规定数值，如：1000～20000MW以下电网减负荷30%或4000MW。

② 中央直辖市全市减供负荷50%及以上；省会城市及国家计划单列市全市减供负荷80%及以上。

(2) 重大电网事故

① 电网大面积停电造成下列后果之一者：a. 省电网或跨省电网减供负荷达到规定数值，如：1000～20000MW 以下电网减负荷 10%或 1600MW。b. 中央直辖市全市减供负荷 20%及以上；省会及国家计划单列市全市减供负荷 40%及以上；地级市全市减供负荷 90%以上。

② 电网瓦解。110kV 及以上省电网或跨省电网非正常解列成三片及以上，其中至少有三片每片内事故前发电出力以及供电负荷超过 100MW，并造成全网减供负荷达到规定数值，如：1000～20000MW 以下电网减负荷 5%或 800MW。

③ 发生下列变电所全停情况之一者：a. 330kV 及以上变电所（不包括单一线路供电者）。b. 220kV 枢纽变电所。c. 一次事故中 3 个及以上 220kV 变电所（不包括由单一线路串接供电者）。

(3) 一般电网事故　未构成特、重大电网事故，符合下列条件之一者定为一般电网事故：

① 电网失去稳定。

② 110kV 及以上电网正常解列成三片及以上。

③ 变电所 110kV 及以上母线全停；35kV 变电所全停。

④ 电网电能质量降低，造成下列后果之一：a. 频率偏差超出以下数值。装机容量在 3000MW 及以上电网，频率偏差超出（50±0.2）Hz，且延续时间 30min 以上；或偏差超出（50±0.5）Hz，且延续时间 30min 以上；或偏差超出（50±1）Hz，且延续时间 15min 以上。b. 电压监视控制点电压偏差超出电网调度规定的电压曲线值±5%，且延续时间超过 2h；或偏差超出±10%，且延续时间超过 1h。

(4) 电网一类障碍　未构成电网事故，符合下列条件之一者定为电网一类障碍。

① 电网非正常解列。

② 电网电能质量降低，造成下列后果之一：a. 频率偏差超出以下数值。装机容量在 3000MW 及以上电网频率偏差超出（50±0.2）Hz，且延续时间 30min 以上；或偏差超出（50±0.5）Hz，且延续时间 10min 以上。装机容量在 3000MW 以上电网频率偏差超出（50±0.5）Hz，且延续时间 20min 以上；或偏差超出（50±1）Hz，且延续时间 10min 以上。b. 电压监视控制点电压偏差超出电网调度规定的电压曲线值±5%，且延续时间超过 1h；或偏差超出±10%，且延续时间超过 30min。

(5) 电网二类障碍　电网二类障碍标准由相关电力公司自行制定。

2.1.3 设备事故

(1) 特大设备事故

① 电力设备（包括设施，下同）损坏，直接经济损失达 1000 万元者。

② 生产设备、厂区建筑发生火灾，直接经济损失达到100万元者。

(2) 重大设备事故 未构成特大设备事故，符合下列条件之一者定为重大设备事故：

① 电力设备、施工机械损坏，直接经济损失达300万元。

② 100MW及以上机组的锅炉、汽轮机、发电机损坏，50MW及以上水轮机组、燃气轮机组、供热机组损坏，40天内不能修复或修复后不能达到原铭牌出力；或虽然在40天内恢复运行，但自事故发生日起3个月内该设备非计划停运累计时间达40天。

③ 220kV及以上主变压器、输电线路、电抗器、组合电器（GIS）、断路器损坏，30天内不能修复或修复后不能达到原铭牌出力；或虽然在30天内恢复运行，但自事故发生日起3个月内该设备非计划停运累计时间达30天。

④ 符合以下条件之一的发电厂，一次事故使2台及以上机组停止运行，并造成全厂对外停电：

a. 发电机组容量400MW及以上的发电厂；

b. 电网装机容量在5000MW以下，发电机组容量100MW及以上的发电厂。只有1条线路对外的发电厂，若该线路故障时断路器跳闸者除外。

⑤ 生产设备、厂区建筑发生火灾，直接经济损失达到30万元者。

(3) 一般设备事故

① 发电设备和35kV以上输变电设备（包括直配线、母线）的异常运行或被迫停止运行后引起了对用户少送电（热）。或停运当时虽没有对用户少送电（热），但在高峰负荷时，引起了对用户少送电（热）或电网限电。

② 发电机组、35～220kV输变电主设备被迫停运，虽未引起对用户少送电（热）或电网限电，但时间超过8h。

③ 发电机组和35kV及以上输变电主设备（包括直配线、母线）非计划检修、计划检修延期或停止备用，达到下列条件之一：

a. 虽提前6h提出申请并得到调度批准，但发电机组停用时间超过168h或输变电设备停用时间超过72h；

b. 没有按调度规定的时间恢复送电（热）或备用。

④ 装机容量400MW以下的发电厂全厂对外停电。

⑤ 装机容量400MW及以上的发电厂或装机容量在5000MW以下的电网中的100MW及以上的发电厂，单机运行时发生的全厂对外停电。

⑥ 3kV及以上发、供电设备发生下列恶性电气误操作：带负荷误拉（合）隔离开关、带电挂（合）接地线（接地刀闸）、带接地线（接地刀闸）合断路器（隔离开关）。

⑦ 3kV及以上发供电设备因以下原因使主设备异常运行或被迫停运：

a. 一般电气误操作；

ⅰ. 误（漏）拉合断路器（开关）；

ⅱ. 下达错误调度命令、错误安排运行方式、错误下达继电保护及安全自动装置定值或错误下达其投、停命令；

ⅲ. 继电保护及安全自动装置（包括热工保护、自动保护）的误整定、误（漏）接线、误（漏）投或误停保护（包括压板）；

ⅳ. 人员误动、误碰设备。

b. 热机误操作：误（漏）开、关阀门（挡板）、误（漏）投（停）辅机等；

c. 监控过失：人员未认真监视、控制、调整等。

⑧ 设备、运输工具损坏，化学用品泄漏等，经济损失达到 10 万元及以上。

⑨ 由于水工设备、水工建筑损坏或其他原因，造成水库不能正常蓄水、泄洪或其他损坏。

⑩ 发、供电设备发生下列情况之一：

a. 炉膛爆炸；

b. 锅炉受热面腐蚀或烧坏，需要更换该部件（水冷壁、省煤器、过热器、再热器、预热器）管子或波纹板达该部件管子或波纹板总重量的 5%以上；

c. 锅炉运行中的压力超过工作安全门动作压力的 3%；汽轮机运行中超速达到额定转速的 1.12 倍以上；

d. 压力容器和承压热力管道爆炸；

e. 100MW 及以上汽轮机大轴弯曲，需要进行直轴处理；

f. 100MW 及以上汽轮机叶片折断或通流部分损坏；

g. 100MW 及以上汽轮机发生水击；

h. 100MW 及以上汽轮发电机组，50MW 及以上水轮机、燃气轮机和供热发电机组烧损轴瓦；

i. 100MW 及以上发电机绝缘损坏；

j. 120MVA 及以上变压器绕组绝缘损坏；

k. 220kV 及以上断路器、电压互感器、电流互感器、避雷器爆炸；

l. 220kV 及以上线路倒杆塔。

⑪ 主要发供电设备异常运行已达到规程规定的紧急停止运行条件而未停止运行。

⑫ 生产设备、厂区建筑发生火灾，经济损失达到 1 万元。

(4) 设备一类障碍　未构成设备事故，符合下列条件之一者定为设备一类障碍：

① 10kV（6kV）供电设备（包括直配线、母线）的异常运行或被迫停运引起了对用户少送电。

② 发电机组、35～220kV 输变电主设备被迫停运、非计划检修或停止备用。

③ 35～110kV 断路器、电压互感器、电流互感器、避雷器爆炸，未造成少

送电。

④ 110kV及以上线路故障，断路器跳闸后经自重合闸重合成功。

(5) 设备二类障碍 设备二类障碍标准由相关电力公司自行制定。

2.2 火电厂事故处理一般原则

2.2.1 事故处理的一般规定

① 发生事故和处理事故时，值班人员不得擅自离开岗位，应正确执行调度、值长、机长（主值）的命令，处理事故。

② 在交接班手续未办完而发生事故时，应由交班人员负责处理，接班人员协助、配合。在机组未恢复稳定状态或值班负责人不同意交接班之前，不得进行交接班。只有在事故处理告一段落或值班负责人同意交接班后，才能进行交接班。

③ 处理事故时，值长是全厂事故处理的领导者和组织者，机长（主值）是本机组事故处理的领导者和组织者。

④ 处理事故时，各级值班人员必须严格执行发令、复诵、汇报、录音和记录制度。发令人发出事故处理命令后，要求受令人复诵自己的命令，受令人应将事故处理的命令向发令人复诵一遍。如果受令人未听懂，应向发令人问清楚。命令执行后，应向发令人汇报。为了便于分析事故，处理事故时应录音。处理事故后，应记录事故现象和处理情况。

⑤ 处理事故中，若下一个命令需要根据前一命令执行情况来确定，则发令人必须等待命令执行人的亲自汇报后再定。不能经第三者传达，不准根据表计指示的信号判断命令的执行情况（可作为参考）。

⑥ 发生事故时，各装置的动作信号不要急于复归，以方便事故的分析和处理。

2.2.2 事故处理的一般原则

① 迅速查清事故根源，限制事故的蔓延，解除对人身和设备的安全威胁。

② 注意厂用电的安全，设法保持厂用电源正常。

③ 事故发生后，尽快根据监视仪表数据和自动装置动作情况进行综合分析、判断，做出正确处理方案。在处理过程中，要防止事故扩大。

④ 在不影响人身和设备安全的情况下，尽一切可能保持非事故设备的继续运行。

⑤ 在事故已被限制并趋于正常稳定状态时，应设法调整机组的运行方式，

使之能正常运行。

2.2.3 处理事故的一般程序

① 判断事故性质。发生事故时，根据计算机显示器显示的运行参数、报警信号、自动保护装置动作情况、仪表及计算机打印的运行数据记录、设备的外部象征等进行分析、判断。

② 判断事故范围。根据保护装置动作情况及仪表、信号反映的信息，到现场查看设备，确定设备事故情况。

③ 解除对人身和设备的安全威胁。若事故对人身和设备安全构成威胁，要立即设法消除，必要时可停止设备运行。

④ 保证非故障设备的运行。要特别注意将未直接受到损害的设备进行隔离，必要时启动备用设备。

⑤ 做好现场安全措施。对于故障设备，在判明故障性质后，值班人员要做好现场安全措施，以便检修人员进行抢修。

⑥ 及时汇报。值班人员必须迅速、准确地处理事故，将每一阶段情况报告给值长和机长，避免事故处理发生混乱。

2.2.4 处理事故时，各岗位人员的联系方式

① 发电厂发生事故时，值长通过电话迅速向电网值班调度员汇报事故情况，听取值班调度员的处理意见。

② 事故发生后及事故处理过程中，值长用口头或电话向机长发布事故处理命令，机长复诵后立即执行。机长根据值长命令，口头向值班员发布命令，值班员受令复诵后，立即执行。执行完毕，值班员用口头或电话向机长汇报，机长用口头或电话向值长汇报。

③ 在紧急情况下，机长来不及向值长请示时，可直接向值班员发布事故处理命令。事故处理后，机长用口头或电话向值长汇报。

2.3 防止人身伤亡事故的安全措施

为了防止人身伤亡事故的发生，在火电生产企业中制订了相应的预防措施。各级人员必须严格执行上级有关防止人身伤亡事故的规定和制度，认真贯彻落实“预防为主”的工作方针。

① 严格执行“安全规程”“运行规程”中的规定。

② 加强重点人员及设备安全的管理，各班组均制定自己相应的安全责任制。

③ 定期对各位职工进行安全技术培训，提高安全技术防护水平及安全防护

意识。

④ 各班组必须按要求进行设备定期倒换及轮换工作。

⑤ 时刻保持生产厂房内工作场所的常用照明，并保证亮度充足。此外，在操作盘、重要表计（如水位计）、主要楼梯，通道等地点，设有事故照明。

⑥ 对于新参加工作的人员，经安规考试合格，领导批准后，方能上岗学习。所有职工均应杜绝酒后上班及带病工作。

⑦ 职工应每年考试安规一次，因故间断工作连续三个月以上者，必须重新学习，并经《安全规程》及《运行规程》考试合格后，方可重新上岗。

⑧ 所有工作人员进入生产现场，必须按规定穿工作服、戴安全帽。

⑨ 生产场所的井、坑、孔、洞或沟道，必须覆以与地面齐平的坚固盖板。如果发现没有覆以盖板，应及时在周围竖立醒目的警告标志，并通知有关人员加以处理。

⑩ 严格执行工作间断、转移和终结制度，在措施不完善的情况下，严禁工作开工。

⑪ 在全部停电或部分停电的电气设备上工作，必须严格执行保证安全的技术措施，即：停电、验电、装设接地线、悬挂标示牌和装设遮栏。在停、送电的过程中严格执行停、送电的操作及监护制度。

⑫ 在执行巡回检查工作时，严格按规定的路线进行，严禁在锅炉的观火孔前、安全门、防爆门附近及其他容易泄漏高温高压介质（包括汽轮机的压力容器）的物体附近长期停留。

⑬ 雷雨天气，需要巡视室外高压设备时，应穿绝缘靴，并不得靠近故障点8m以内。进入上述范围人员必须穿绝缘靴，接触设备的外壳和架构时，应戴绝缘手套。

⑭ 严禁锅炉炉膛及制粉系统保持正压运行，炉膛及制粉系统防爆门时刻保持完整，炉膛观火孔时刻保持关闭状态，防止对附近工作人员造成伤害。

⑮ 严格执行动火票制度，严禁在易燃易爆介质附近未经签发动火票而进行的动火工作。持有动火工作票的工作，在工作前亦应备足相应的消防器材。

⑯ 严禁携带火种进入氢站及油库，凡因工作需要进入时，均应交出火种并进行登记。

2.4 运行人员习惯性违章的常见表现

通过严格的习惯性违章管理，可增强各级各类人员自觉遵守“安全第一、预防为主”的电力生产方针和严格执行《电业安全工作规程》和运行、检修规程的意识；可及时发现和纠正违章，防止由于习惯性违章而造成的人身和设备不安全现象。运行人员习惯性违章的常见表现主要有以下几个方面：

① 进入生产场所未戴安全帽，将安全帽作为坐垫。进入生产场所着装不符合《安规》要求，长发和辫子未盘入帽内。

② 排出带有压力的氢气、氧气或向发电机补氢时急剧操作，未按规定均匀缓慢地打开设备上的阀门以使气体缓慢地输送。

③ 工作人员变更岗位或离岗三个月以上未经考试合格即上岗工作。

④ 未经许可退出保护装置，或经许可退出保护装置后不登记，不向运行人员交代。在电气保护盘、热工保护盘上打眼未采取防止运行中的设备因振动而误动的措施。

⑤ 操作低压设备不戴绝缘手套。

⑥ 运行中将转动设备的防护罩或遮栏打开或将手伸入遮栏内，戴手套或用抹布缠在手上，在裸露的对轮、齿轮、链条、钢绳、皮带、轴头等转动部分清扫或进行其他工作。

⑦ 运行炉不关看火孔或人孔门。观察锅炉燃烧情况时未戴防护眼镜。

⑧ 不认真执行交接盘制度、交接班制度，交接不到岗，不巡视设备就接班。

⑨ 不按规定时间、路线巡回检查，检查时不到位，应发现的问题未发现，发现的问题不认真记录，事故性缺陷不及时汇报。

⑩ 巡回检查运转设备不带听针、手电筒和棉纱，电气人员不带工具，或未能认真检查维护设备。

⑪ 在操作开关截门时，不采用专用工具或双手开关截门，而用脚或非专用工具操作。

⑫ 没有得到运行班长许可即进入电缆沟、排污沟、下水道等处进行工作；或在开始工作前工作负责人未详细检查这些地点是否安全、通风是否良好，未采取突然来汽水的防范措施。

⑬ 不按规定时间抄表，或抄表不拿表单，抄假表，造假数。

⑭ 乱撕、涂改生产记录或保管不当丢失原始记录，或不及时更换记录纸造成漏记。设备发生异常及检修中发生不安全现象，不能认真做好记录及时汇报，或隐瞒真相。

⑮ 运行人员在巡回检查中自行检修二次端子。运行人员乱动热工仪表的二次截门、控制面板上的按钮。

⑯ 无票工作，或未履行许可手续即开始抢修工作。

⑰ 工作负责人在现场监护不持工作票，或工作结束后不及时结票，代签工作票签发人的名字。

⑱ 工作票许可手续未办完，检修人员就进入检修现场甚至开工。

⑲ 工作负责人和工作许可人未认真履行工作票手续，检修工作开始以前，工作许可人未与工作负责人共同到现场检查安全措施的执行情况即允许开工。

⑳ 工作人员擅自改变或移动已布置好的安全措施。现场装设的接地线编号

与工作票上地线编号不符；拆除的地线不对号存放。

㉑ 工作负责人（监护人）不在现场监护，或不监护直接参加工作，或离开工作现场未指定代理人。工作负责人不亲自办理工作票开工、终结手续而委托他人代办、代签。

㉒ 设备检修后试运，未将工作票收回，及试运后不根据需要重新布置安全措施。

㉓ 工作不能按计划完成时工作负责人未办理工作票延期手续。

㉔ 电气第一种工作票未能在开工前一天由工作负责人或熟悉情况的人送到运行值班现场。

㉕ 在填写操作票时，未能填上设备系统运用状态转换情况。

㉖ 需要进行电气高压操作时，操作人和监护人操作前未能在符合现场实际的模拟图板上进行模拟预演。

㉗ 不使用操作票或操作票不合格，遗漏或颠倒项。

㉘ 操作前不核对设备位置、编号，跳项操作。

㉙ 电气倒闸操作时，监护人不唱票或唱票后操作人未能手指操作设备高声复诵，监护人也未能发出“可以执行!”的命令，操作人也未能执行三秒思考后再进行操作。不准确地使用倒闸操作常用术语。

㉚ 开关设备未使用双重编号。调度系统在下达操作任务时，不使用双重编号，或受令人接受任务时，不复诵，不及时将操作任务记入运行记录簿中。

㉛ 在发布和接受操作任务时，双方不互报单位、互通姓名及按规定进行录音。

2.5 锅炉专业典型事故防范措施

2.5.1 防止制粉系统爆炸和煤尘爆炸事故的措施

(1) 煤粉爆炸的原因分析和影响因素 煤粉具有自燃能力，在一定环境温度下会氧化并产生热量逐渐积累，温度越高，则煤粉越容易发生自燃；如果煤中挥发分含量较高，水分较小，存放时间长，氧化生热、水分蒸发，挥发分析出就会愈高，就愈容易自燃，并会产生危险的可爆炸性气体析出。

爆炸的简单过程如下：系统内的积粉自燃——受空气扰动产生明火，加上风粉混合物的浓度合适（0.3～40.6kg/m^3），而气体中氧的浓度大于16%即产生爆炸。概括地讲，积粉自燃是爆炸的根源。制粉系统内（包括磨煤机内）没有积粉自燃就没有爆炸。

煤粉中挥发分含量大于25%，煤粉爆炸可能性明显增大；气粉混合物的浓度在0.3～0.6kg/m^3 时最易爆炸；输送煤粉的气流中含氧量大于16%则可能产生爆炸；风粉混合物的温度越高，爆炸的可能性越大；煤粉越细，煤粉与氧的接触面积越大，爆炸的可能性也越大；风粉混合物的流速过低会造成煤粉沉积，过高引起静电火花，就会引起爆炸。原煤中有引火物（如油质或雷管），系统死角积粉自燃，有外来火源（如系统中有动火工作），制粉系统启、停或给煤机断煤，磨煤机堵塞时间较长，都可能发生爆炸。

(2) 防止煤粉爆炸的措施　从以上分析可知，为防止制粉系统爆炸和煤尘爆炸事故，就要控制煤粉的温度和风粉混合物的浓度。为此应严格执行《火电厂煤粉锅炉燃烧室防爆规程》（DL 435—1991）有关要求以及其他有关规定，并重点要求如下：

① 投运制粉系统时，在启动前应查找易积粉部位有无积粉。当积粉自燃时，管壁温度明显高于环境温度，严重时有火星或烟气从不严密处冒出。发现有积粉自燃时，必须采取隔绝措施，将自燃煤粉熄灭并彻底清除积粉，以后方可启动制粉系统。容易积粉的部位：一次风管弯头、磨煤机落煤管、停运的磨煤机内。

② 运行中要认真监盘，精心调整，防止断煤或堵磨现象发生。注意冷、热一次风量的搭配，保证磨煤机出口温度控制在允许范围内，磨煤机出口温度控制投自动前，要检查设定值是否正确。CRT 画面磨煤机出口温度表要指示正确。若磨煤机出口温度指示表计需检修时，如无可靠参考表计，无法判明磨煤机出口温度，应停止磨煤机运行。

③ 制粉系统停运过程中，应注意充分排粉。随着磨煤机内存煤量的减少应逐渐减少制粉系统通风量，磨煤机内余粉应尽量排尽，一般排粉时间需要 5～10min。大小修停止磨煤机时应将制粉系统余粉排尽。

停磨后，如磨入口热风门已关闭，应根据入口风量的大小及出口风温的变化判断入口热风门是否关闭严密，如入口热风门关闭不严，应及时通知维修人员处理，如此时磨煤机出口风温上升至 130℃以上时，可开启惰化汽门，以防磨内存煤自燃。

当发生磨煤机紧急停运时，应立即通入惰化蒸汽，对磨组进行惰化处理（磨惰化蒸汽系统的疏水门应保持常开，惰化蒸汽系统处于热备用状态）。

磨煤机发生跳闸或给煤机堵煤，磨煤机被迫停运后，应在 5h 内将磨煤机再次启动，防止磨煤机内积粉自燃或造成爆炸。若由于其他原因，暂时无法启动应联系维护人员将磨煤机内煤粉清除干净。

④ 运行或备用制粉系统设备在消缺时，应谨慎使用电焊，严格执行动火工作票审批制度，同时做好隔绝措施，以防止火星落入有积粉的设备内。清理已有自燃现象的积粉时，应将其熄灭。

⑤ 要保证设备的完好率，有了缺陷应及时消除。风门挡板应能全开全关，开关灵活，指示正确。

⑥ 加强燃用煤种的煤质分析和配煤管理，燃用易自燃的煤种应及早通知集

控运行人员，以便加强监视和巡查，发现异常及时处理。

⑦ 输煤系统上电磁除铁器应完好并正常投运；要防止雷管进入制粉系统引发爆炸。

⑧ 制粉系统若发生爆炸，必须查明爆炸原因并清除火源和积粉。待损坏的防爆门等部件修复后方可重新启动；同时采取针对性措施消除积粉，防止事故的再次发生。

(3) 防止煤尘爆炸的措施

① 消除制粉系统和输煤系统的煤尘漏点，降低煤粉浓度。

② 运行中若发现制粉系统或输煤系统泄漏，应及时停运发生泄漏的系统，并采用吸尘器或其他方法降低粉尘浓度。

③ 大量放粉或清理煤粉时，应杜绝明火，防止煤尘爆炸。

2.5.2 防止锅炉满、缺水事故的措施

正常运行时应监视蒸汽流量、给水流量基本接近，且给水流量稍小于蒸汽流量，汽包水位控制在（0±50）mm（以 CRT 上的汽包水位为准，就地水位计作为参考）。正常情况下，要定期对就地水位计和 CRT 上的汽包水位计进行校对，以确保汽包水位计的准确性。满、缺水的保护一般情况下必须投入，除非经总工批准并做好相应的安全措施。

(1) 防止锅炉满水的措施

① 当出现负荷突升引起的汽包压力下降时，汽机监盘人员应立即查明原因并汇报主值、值长，锅炉监盘人员会发现汽包水位上升（虚假水位），此时应根据水位、蒸汽流量、给水流量的数值迅速做出判断，将给水自动切为手动，对一台给水泵实施调节。若水位上升不快，可点动降低给水泵转速，同时监视汽包水位、蒸汽流量、给水流量趋势。当发现水位有下降趋势时，立即停止降速，并点动升速，使蒸汽流量、给水流量趋于一致。

② 当出现安全门误动引起的汽包压力下降时，锅炉监盘人员要立即根据水位、蒸汽流量、给水流量做出判断，将给水自动切为手动，发现汽包水位上升，点动降低给水泵转速，同时监视汽包水位、蒸汽流量、给水流量趋势图，维持汽包水位在＋100mm。待安全门回座后，汽包水位要下降，立即点动给水泵升速，将水位控制在±50mm 之间。如果安全门到回座压力不回座时，应始终保证给水流量大于蒸汽流量或联系值长降负荷至给水流量能够承受的值，并通知检修人员共同处理。

③ 当锅炉发生非水位造成的 MFT 后，只有电动给泵运行，锅炉监盘人员应手动调节勺管位置，将电泵转速控制在合适转速（随机组而定），用给水旁路门调节，维持水位在±50mm 之间。若水位上升过快，应迅速调节勺管位置至最小，当水位超过＋150mm 时，可打开定排门。当水位降至＋50mm 时，关闭上

述两道阀门。在负荷恢复过程中，应一直用手动调节，直到负荷恢复至给水流量达到规定值，才可将给水旁路切为主路，再投入给水自动。

④ 当发现给水流量大于蒸汽流量，且汽包水位逐渐升高时，而其他参数都在正常范围内，应判断为给水自动装置失灵。锅炉监盘人员应立即将给水自动切为手动，调整一台给水泵转速，控制给水流量<蒸汽流量一定数值，将汽包水位控制在±50mm 之间。并汇报主值、值长，通知热控检修。在此期间，应尽量维持负荷稳定，减少操作。

⑤ 当发现汽包水位上升至保护动作值，甚至出现主汽温度下降（非减温水开大所至），而锅炉未 MFT，锅炉监盘人员应立即手动 MFT，检查动作情况并通知汽机监盘人员。汽机监盘人员发现汽机因"炉跳机"而停机时按停机处理。无论在什么情况下，发现主汽温度在 10min 内下降 50℃或主汽门、调速汽门门杆处有白汽冒出，汽机监盘人员应立即手按"紧急停机"按钮，并破坏真空紧急停机。此时，锅炉监盘人员应将给水自动切为手动，手动调节电泵勺管位置至最小，用给水旁路门调节，同时全开定排门，将水位放至±50mm 之间。待汽温正常后，再恢复机组运行。

⑥ 在锅炉点火、升压初期，当下降管汇合集箱入口温度为 90℃左右时，锅炉可能起压。此时汽包水位会有较大幅度上升，如不及时调节会造成因汽包水位高 MFT。锅炉监盘人员在锅炉进水时可将水位控制在－100mm。在监视水位的同时也要监视趋势图。当下降管汇合集箱入口温度为 90℃左右时且趋势图上水位有上升的趋势时，应先打开定排电动门，再用定排调节门调节水位。待水位不再有上升的趋势时，可关闭上述两道门，维持汽包水位在±50mm 之间。

(2) 防止锅炉缺水的措施

① 在切换高加主路和旁路时，应有人带对讲机在高加进口三通阀处观察切换过程。CRT 上操作应和就地监视人员联系，若有异常，就地监视人员应立即通知 CRT 上操作人停止操作。CRT 上操作人在切换过程中应始终监视给水流量的变化。当发现给水流量不正常下降，应立即停止操作，并视给水流量的大小将负荷降至与之对应的蒸汽流量。监视锅炉画面的人员此时应严密监视汽包水位。发现汽包水位降至看不见，且主汽温度上升较快，而锅炉又未 MFT，应立即手动 MFT。

② 当化学联系定期排污时，应首先将汽包水位设定在＋100mm。联系值长维持负荷的稳定。先打开定排电动门，再打开定排调节门，将其设定在 10%开度，观察汽包水位是否下降过快。如果波动不大，可以将开度设定为 20%进行排污。如果汽包水位下降过快，应立即关闭定排门，停止排污。

③ 当发现炉膛压力升高且不稳定，炉内有泄漏声，炉膛不严密处向外冒气，汽包水位下降，给水流量不正常大于蒸汽流量，即可判断为水冷壁泄漏或爆破。此时应将运行方式改为"锅炉基础"，降负荷至能维持汽包水位的值。如果汽包

水位在给水流量达到最大值时，仍下降至－200mm，应申请停炉。如果汽包水位维持不住，应手动 MFT。停炉后应继续进水，如果汽包水位低至不可见5min，应停止进水，并关闭省煤器进口门，停电泵。待锅炉冷却后方可继续进水。

④ 当一台汽泵跳闸时，且电泵未联启，将发生 RUN BACK，此时应将水位自动切为手动，将给水流量调至与蒸汽流量基本一致。

案例 1

新乡发电厂 4 号锅炉满水造成 4 号机组轴系断裂事故：

1990 年 1 月 25 日 3：20，在 2 号锅炉灭火重新恢复的过程中，因给水调整门漏流量大（漏流量达 120t/h），运行人员未能有效控制汽包水位，导致汽包水位直线上升，汽温急剧下降。而运行人员未能及时发现，使低温蒸汽较长时间进入汽轮机，造成汽缸等静止部件在温差应力作用下变形，大轴弯曲，最终导致动静部件发生径向严重碰磨，轴系断裂。

2.5.3 防止锅炉灭火、放炮事故的措施

对于煤粉锅炉而言，在炉膛和烟道中容易累积可燃性混合物。当风粉混合物中煤粉的浓度达到爆炸极限，此时投入油枪点火或在炉膛的高温辐射作用下将未燃尽的可燃物引燃，氧化反应会不断加速，使气体燃烧产物容积急剧增加膨胀。当煤粉的温度达到着火温度时，煤粉即会突然着火燃烧而形成爆燃，从而导致炉膛爆炸（也称放炮）。爆炸的规模和强度与积累的可燃物的数量及风粉比例有关。炉膛瞬时失去全部火焰（灭火）或炉膛失去部分火焰（局部灭火），继续喷入炉内的煤粉受炉膛高温辐射，会迅速解析出挥发分——可燃气体，形成可爆性混合物。可爆性混合物的积累速度又与煤种及炉膛温度有关。一般情况下，挥发分含量高的煤，单位时间析出的可燃气体量大，炉膛温度高，析出的速度快。所以，灭火后继续向炉膛供粉时间越长，煤中挥发分含量越高，炉膛内积累的可爆性混合物数量就越大，发生爆炸的规模与强度也就越大。

锅炉在以下几种工况时，最易发生放炮事故：

① 锅炉运行中无论何种原因发生灭火，如果没有立即停止燃料供给（煤粉、燃油）。

② 锅炉运行中炉膛某一区域的燃烧器有数只不着火，而其他燃烧器仍着火，未着火燃烧区域将积累可爆性混合物，此时投油引燃或受炉内高温火焰辐射。

③ 锅炉运行中由于运行人员的误操作或燃烧控制系统故障，进入炉膛的煤粉全部中断或部分中断后随即突然恢复供粉、供油，大量煤粉喷入炉膛。

④ 升火过程中或低负荷使用油枪时，燃油中断随即又恢复供油。

⑤ 升火过程中最初的投粉不着火，又未及时停止，使炉膛内积累可燃混

合物。

⑥ 停炉后由于油角快关阀内漏造成燃油继续不断地喷入炉膛内或煤粉漏入停运未冷却的炉膛内。

为防止锅炉灭火放炮可采取以下措施：

(1) 加强来煤管理

① 燃料公司应做好煤的采购管理工作，订购煤种必须经过化验各项指标达到设计要求，劣质煤不得进厂。

② 煤场如遇煤质较差，燃用多变煤种时，应及时通知值长。在接班后即预报煤种，参考煤质分析或直接观察给煤及炉膛着火情况，掌握煤质变化，合理调整燃烧，做好事故预想。

③ 向锅炉供煤应去掉三块，不允许有易爆品进入煤仓。保持煤仓有一定的存煤量，防止烧空仓。

④ 对燃油罐应做好定期放水、排污工作，保证助燃油的质量，冬季应投入油罐及管路蒸汽伴热。

⑤ 化学每班应定期对锅炉煤样进行分析，及时反馈至值长处，以使值班员及时根据来煤情况调整燃烧。

(2) 加强锅炉灭火保护装置管理

① 灭火保护装置未经试验合格不得将其投入运行。

② 热工人员每天应对灭火保护装置系统进行巡查维护，及时消缺。

③ 凡有影响灭火保护装置正常运行的检修和维护工作，必须办理设备停役申请，经总工批准后，方可解除保护。

④ 锅炉启、停炉，低负荷运行或炉燃烧不稳不得解除灭火保护。

⑤ 锅炉运行中，灭火保护装置出现故障，危及锅炉安全运行时，须经总工批准方可解除。

(3) 加强运行调整防止锅炉灭火

① 点火时，投用第一根油枪前把炉膛负压控制在－50Pa。在第一根油枪着火后，要及时调整炉膛负压到正常范围内，并派专人就地观察油枪火焰（火焰明亮不偏斜，无油滴出现为正常）。如发现有黑头、大油滴，要及时调整二次风量、油压与雾化蒸汽压力的匹配。在油层燃烧正常后投粉，应由下向上逐层投运，同时要严格控制风粉的比例，维持炉内最佳空气量。要严禁火嘴缺角运行。

② 保持合理的一、二次风速。根据不同的负荷，保持相应的一、二次风量，尤其是在低负荷或降负荷过程中，应保持着火集中稳定。当负荷低于50%时，运行人员要注意监视 CRT 画面，维持正常的炉膛负压，控制氧量在6%左右，确保低负荷时燃烧完全，必要时可根据燃烧着火情况投入一层油枪稳定燃烧。

③ 燃用劣质煤时，值长应通知机组 CRT 画面看盘人员做好灭火的事故预想，同时派专人现场观察火焰，调整一次风压，维持火焰离燃烧器距离 0.5～

0.6m。正常的炉膛火焰应为金黄色且充满炉膛，运行中如发现燃烧不稳定应及时投油助燃。当灭火或炉膛看不到火光时禁止投油助燃。

④ 加强对炉膛负压、氧量、火焰监视器的严密监视，发现异常及时分析处理。

⑤ 坚持定期油枪试验制度，保持燃油系统完好备用。

(4) 锅炉灭火后防止放炮的措施

① MFT 动作后，主要检查下列设备应动作正常：

a. 所有给煤机跳闸；

b. 所有磨煤机跳闸；

c. 轻油快关阀跳闸；

d. 所有一次风机跳闸；

e. 所有电除尘高压整流变跳闸；

f. MFT 动作后，当有任一引、送风机在运行时，将自动进行 300s 的跳闸后吹扫；当无引、送风机在运行时，将自动进行 900s 的跳闸后吹扫（炉膛自然通风）。

② 若 MFT 动作后，以上所属各项未动作时应手动处理：

a. 应立即切断全部燃料；严禁投油稳燃或采用爆燃法恢复燃烧；

b. 保持一台引、送风机以 30%～40%的风量对炉膛进行灭火后吹扫；

c. 手动调整给水流量，维持汽包水位正常；

d. 手动调整包覆疏水，维持汽压、汽温正常；

e. 手动调整油量调整门，维持油压和轻油循环正常；

f. 查明 MFT 动作原因，待故障消除后，经值长通知方可以 30%～40%的风量重新对炉膛进行吹扫，然后再重新点火；

g. MFT 动作的故障难以消除时，则按正常停炉后的规定执行；

h. 对于停炉后的机组应将所有油枪角阀关闭拧紧，以防邻炉用油造成泄漏发生爆炸危险。

案例 2

某港电厂 600MW 1 号机组锅炉发生特大炉膛爆炸事故。

从 1993 年 3 月 6 日开始，1 号锅炉运行情况出现异常，为降低再热器管壁温度，喷燃器角度由水平改为下摆至下限。在 3 月 9 日后锅炉运行状况逐渐恶化，并在 3 月 10 日事故前 1 小时内无大操作。

3 月 10 日 14：07，锅炉炉膛发生爆炸，事故造成炉底灰斗呈开放性损坏和失稳下塌，包角管和水冷壁联箱破裂，并造成了 23 人死亡，24 人受伤，直接经济损失 778 万元，机组停运 132 天的特大锅炉炉膛爆炸事故。

事故原因是由于炉膛设计和布置的缺陷，在燃用设计煤种或允许变动范围的煤种时，出现了锅炉严重结渣、再热蒸汽温度达不到设计值而过热器、再热器管壁严重超温的问题。虽然采取了降负荷和下摆燃烧器等防止结渣措施，但结渣日趋严重。炉底灰斗结渣，为煤裂解气和煤气的动态产生和积聚创造了条件。灰渣落入渣斗产生的水蒸气进入冷灰斗形成振动，加速可燃气体的生成。可燃气体在沿灰斗上升过程中，与下二次风和可燃气体混合（混合温度在 470℃左右），再加上炽热碎渣的进入或火焰的随机飘入，引起了爆炸。爆炸后，炉膛压力急剧升高，触发 MFT 动作。爆炸导致了炉膛两侧墙鼓出，灰斗和两侧墙连接处被撕裂，灰斗失稳下塌，包角管和水冷壁联箱相继破裂，大量水汽泄出，最终使炉内压力猛烈升高，事故扩大。

案例 3

某第一发电厂发生 1 号锅炉炉膛爆炸事故。

1991 年 12 月 4 日 10：40，1 号锅炉启动投运，机组负荷 32MW，主蒸汽流量 135t/h，汽压 8.4MPa，汽温 535℃。4 日 17：30，运行人员发现 1 号锅炉下排 4 台给粉机转速由 1200r/min 下降到 300r/min 左右，主蒸汽温度由 535℃下降到 510℃，但未能及时发现锅炉灭火并采取停炉措施，而是启动上排 5 号、7 号给粉机，并将下排给粉机转速调回到 1200r/min 左右，又将 11 号引风机挡板关小，将炉膛负压从满表调到零，使炉内大量煤粉积聚，最终引起爆炸，造成锅炉本体四角裂开。造成事故另一原因是灭火保护装置未投入运行。

2.5.4　防止锅炉尾部烟道再燃烧事故的措施

锅炉尾部再次燃烧事故是指在锅炉尾部烟道内，因某种原因存积可燃物，经氧化升温而发生再次燃烧，造成尾部受热元件烧坏的事故。防止锅炉尾部烟道二次燃烧主要是防止由于炉膛燃烧工况不良，使未燃尽的可燃物在锅炉尾部烟道的沉积。因此，运行中应按燃料的性质调整燃烧，组织好炉内燃烧工况，以防止未完全燃烧产物的形成。特别要注意在低负荷运行及锅炉启动时，因炉膛温度较低，燃烧工况不稳定，燃料不易燃尽，加之烟气流速低，过剩氧量多，容易出现可燃物沉积和再次燃烧。因此，在这一阶段应加强燃烧调整和连续吹灰，尤其应加强燃油雾化的调整，防止未燃尽的油进入锅炉尾部烟道并吸附在受热元件上，与未燃尽的碳在受热面上沉积，从而引起再次燃烧。为此，应加强燃烧调整和锅炉尾部烟温的监视，对存在漏油、雾化不良的油枪喷嘴应及时予以更换。具体防止锅炉尾部烟道再次燃烧的措施如下：

① 精心调整锅炉制粉系统和燃烧系统运行工况，防止未完全燃烧的油和煤粉在尾部受热面或烟道上的沉积。

② 空预器进口烟气挡板、一、二次风出口挡板应能全开、全关，关闭应严密，保证一台空预器运行时另一台空预器能隔离严密。

③ 每次点火前应检查消防水系统处于运行状态，以便发生空预器着火时消防水能随时投用；碱冲洗水箱应补满水，并应进行短时间碱冲洗水泵试验，以保证空预器碱冲洗水泵及其系统处于良好的备用状态，保证空预器碱冲洗上水门及空预器下部放水门处于全开状态，具备随时投用条件。

④ 空预器运行后，红外探测装置应及时投用，探测装置报警后，运行人员应去现场查明原因，如确实属空预器温度不正常升高，此时应投入连续吹灰，如温度没有降低，此时应投入空预器碱冲洗水系统（或用消防水系统）进行灭火，必要时停止空预器的运行。

⑤ 锅炉负荷低25%额定负荷时应连续吹灰，锅炉负荷大于25%额定负荷时至少每8h吹灰一次，当回转式空气预热器烟气侧压差增加或低负荷煤、油混烧时应增加吹灰次数。燃油或投油助燃期间应派专人现场巡视油枪着火情况，发现油枪雾化不好时应及时汇报值长，必要时应停止该油枪的运行；发现油枪火焰尾部有黑头时应通知CRT画面操作人员增大二次风量，以改善燃烧工况。

⑥ 当空预器进口烟气温度超过400℃，判断为着火时，应立即停炉，并利用吹灰蒸汽将烟道内充满蒸汽，并及时投入消防水进行灭火。

⑦ 若发现空预器停转，立即将其隔绝，手动盘车，以防转子受热不均而变形。若挡板隔绝不严或转子盘不动，应立即停炉。

⑧ 锅炉点火期间空预器应保持连续吹灰，直至锅炉负荷稳定可断油燃烧时。

⑨ 若锅炉较长时间进行燃油或煤油混烧，可根据具体情况利用停炉对空预器受热面进行全面检查，重点检查中层和下层传热元件，若发现有积垢时要进行碱洗。

⑩ 停炉后，空气预热器应维持正常运行，同时加强对排烟温度的监视。如发现排烟温度有不正常升高现象时，应迅速到现场进行检查。如发现空气预热器二次燃烧，按机组运行规程开启消防水门或启动碱冲洗水泵，对空气预热器着火进行灭火处理。当空气预热器入口烟气温度低于80℃时，方可停止空气预热器运行。空气预热器停运后，应关闭其进口烟气挡板及一、二次风出口挡板。

⑪ 锅炉停炉1周以上时必须对空预器受热面进行检查，若有存挂油垢或积灰堵塞的现象，应及时清理并进行通风干燥。

⑫ 每次大、小修停炉后，应对空气预热器进行一次碱洗，碱洗结束后将其烘干。

案例4

哈尔滨第三电厂3号机组空气预热器着火、烧毁事故。

1995年10月13日12：40，哈尔滨第三电厂3号机组有功功率为452.8MW，副励磁机发生故障，发电机跳闸。12：43，调试人员发现异常，被迫紧急停炉，手动MFT动作，MFT联跳汽轮机主汽门，主汽门关闭，汽轮机惰走 38min 后大轴静止，投入盘车装置。13：21，运行人员发现 2 号空气预热器冒烟着火。由于水冲洗装置不完善而未能投入使用，启动消防水系统将火扑灭。

运行数据显示，着火前空气预热器入口烟温 257℃，出口烟温 141.75℃，一、二次风出口温度分别为 203.75℃和 226.75℃。由于在调试过程中，3 号锅炉冷炉启动次数较多，炉膛温度低，油不能充分燃烧，使空气预热器积有油垢；再加上烟风道及空气预热器挡板不严，漏入空气，在停炉过程中造成预热器温度急剧升高，最终导致了 2 号空气预热器着火、烧毁事故。

2.5.5　防止锅炉过热蒸汽、再热蒸汽温度偏高（或偏低）的措施

过热蒸汽、再热蒸汽温度是锅炉运行中必须监视和控制的主要参数之一。

当蒸汽温度过高时，不但会加快金属材料的蠕变速度，还会使过热器、蒸汽管道和汽轮机的高压部分等产生额外的热应力，缩短设备的使用寿命；当发生严重超温时，甚至会造成过热器爆破。

当蒸汽温度过低，使汽轮机的末级蒸汽湿度增大，对叶片的浸蚀作用加剧。严重时可能发生水冲击，引起蒸汽管道的剧烈振动，威胁汽轮机的安全。同时由于汽温降低，增加了汽轮机的汽耗，使机组的经济性亦降低。

在运行过程中，由于很多因素影响蒸汽温度发生变化，为此必须采取适当的调整措施，使过热蒸汽、再热蒸汽保持在规定的范围内。

(1) 影响蒸汽温度变化的因素

① 锅炉热负荷变动。负荷增加时，汽温升高；负荷减小时，汽温降低。

② 燃料性质变化。燃煤的挥发分降低，煤粉变粗时，火焰中心上移，炉膛出口温度升高，将使汽温升高。当燃煤中水分增加时，炉膛温度降低，炉内辐射传热量减少，炉膛出口烟气温度升高。同时由于水分大，烟气体积也增大，对流过热器吸热增加，辐射过热器吸热减少。

③ 给水温度变化。给水温度降低时，汽温升高；给水温度升高时，汽温降低。在机组运行中，高压加热器的投停会使给水温度有很大变化，因而会使过热汽温发生显著的变化。

④ 受热面的污染情况。燃烧室受热面结焦，使得炉膛出口的烟气温度升高，致使汽温升高。

⑤ 过剩空气量的变化。当炉内过剩空气量增加时，燃烧生成的烟气量增多，烟气流速增大，对流传热加强，会导致过热汽温升高。如锅炉进行除灰、清焦、启动制粉系统等，使得过剩空气量大量增加，从而导致过热汽温升高。

⑥ 燃烧器运行方式改变。燃烧器运行方式的改变，将引起火焰中心位置的改变，因而可能引起汽温的变化。例如，燃烧器从下层切换至上层运行时，汽温升高。

⑦ 燃烧器摆动倾角。燃烧器的倾角下调，火焰中心下移，汽温降低；燃烧

器的倾角上调，火焰中心上移，汽温升高。

⑧ 一、二次风调整不当，制粉系统运行不稳定，减温水压力、温度、流量变化等，都会引起温度的变化。

⑨ 锅炉满水、超负荷、汽水共腾、减温器异常运行等，都会导致过热蒸汽大量带水，造成汽温急剧下降，若发现不及时或处理不当，很可能迫使汽轮机停机。

(2) 防止蒸汽温度偏高（或偏低）的措施

① 根据机组负荷，合理调节引、送风量和配置一、二次风量，维持锅炉燃烧稳定。运行过程中，加强各台磨煤机煤量的监视，及时发现断煤、堵煤的现象，并及时处理。

② 运行监盘人员应加强对汽包水位、过热蒸汽温度、再热蒸汽温度、给水压力、给水温度及各级减温器前后温度的监视与调整。并了解对应汽机侧过热蒸汽、再热蒸汽温度的情况，当汽温调整投自动时，仍应加强对过热蒸汽、再热蒸汽温度、减温水流量、减温水调节阀开度的监视与分析，减温水调节阀开度指令与反馈信号应相符，若发现其动作迟缓、失灵或机组出现异常时，应立即切换至手动调节，同时联系相关人员进行处理。

③ 正常运行手动调整减温水调节阀开度时，应监视其开度指示和减温水流量的变化趋势，同时监视汽温参数的变化趋势。要求操作缓慢、平稳均匀，严禁大幅度调节减温水调节阀开度或用减温水隔绝阀调节汽温，以免引起急剧的温度变化，危害设备安全。

④ 当增减负荷、开停制粉系统或投、停高压加热器时，如果汽温未投自动控制，则汽温控制调整应超前，而不能待汽温变化以后再采取调整减温水量，以免形成较大的蒸汽温度波动。

⑤ 正常运行中，每天应定期对受热面进行吹灰。若遇特殊运行工况，在使用减温水已不能满足汽温调节的需要时，则可通过升高或降低炉膛火焰中心高度来达到调节汽温的目的。具体方法有：调节摆动式燃烧器的倾角、改变运行磨组的层次、合理进行一、二次风配比等进行控制。

⑥ 在冷态启动过程中，应调整炉前燃油压力稳定，检查各油枪雾化应良好，合理使用送风量，采用5%旁路控制过热汽温，同时在汽轮机抽真空后尽快投入旁路系统，以增加蒸汽通流量，提高蒸汽温度，保证在过热蒸汽压力上升的同时过热蒸汽温度也匹配得上升。增加燃烧速度时一定要注意按机组运行规程要求进行，切忌由于金属温度上升速度过快而使机组金属使用寿命降低。

⑦ 在滑参数停炉过程中，应抓住先降汽温、后降汽压的原则，以降低汽机缸温。低负荷下调节减温水量一定要谨慎，防止蒸汽温度突降而影响汽轮机安全。

⑧ 当机组发生事故造成RB或发电机跳闸时，应立即关闭过热器一、二级

减温水和再热器左右侧减温水调节阀、隔绝阀及总阀，以防止过热蒸汽、再热蒸汽温度突降，影响机组运行或重新启动。

⑨ 在 AGC 投入运行状态下遇机组大幅度变动负荷时，监盘人员要认真监视和调整汽温，机组负荷变化率应设定为 3～5MW/min，同时压力设定值不应过大。发现汽温在自动无法调节的情况下应紧急切至手动调节，严防超温。

2.5.6　防止锅炉超压的措施

锅炉过热蒸汽压力在允许变动范围内维持得越高则机组运行的经济性将越高，但汽压如超过规定的允许范围，则将对设备和人身安全带来严重的危害。如汽压过高而电磁释放阀、安全门拒动，轻则锅炉超压，严重时还可能发生承压部件爆破事故。当汽压过高致使电磁释放阀、安全门动作时，不但造成大量的排汽损失，而且安全门动作次数过多，还会由于磨损或杂物沉积在阀座上使安全门回座时关闭不严造成经常性漏汽现象，严重时甚至发生安全门无法回座而被迫停炉的后果。

机组在运行过程中，下列情况下易引起锅炉超压：

① 机组甩负荷或紧急停机。

② 磨煤机堵煤被突然吹通时。

③ 锅炉严重缺水后，强行进水，产生大量蒸汽。

④ 锅炉进行水压试验时，操作调整不当。

⑤ 电磁释放阀、安全门拒动，末级过热器出口管道放汽阀未能开启。

为防止锅炉超压可采取以下措施：

① 锅炉各安全门、电磁释放阀、压缩空气系统应完整、无泄漏。大修后应校验其动作灵敏、可靠，安全门压力定值校验应合格。电磁释放阀动作试验正常并在点火后投入自动。

② 在锅炉满负荷运行工况时，在严密监视和严格控制过热蒸汽压力（压力波动允许范围为±0.2MPa）的同时，还应注意汽包的压力变化，防止汽包超压使汽包安全门动作。

③ 值班期间应做好对机组负荷变化趋势的预测，加强对主蒸汽流量、过热蒸汽压力、汽包压力的监视和分析。在锅炉压力和机组负荷发生变化时，首先应分析这种变化是来自内扰（炉膛燃烧工况的变化）还是外扰（汽轮机负荷的变化），才能避免盲目操作，达到稳定汽压的目的。当投入给煤量自动时，仍应加强对机组负荷、过热蒸汽压力、煤量的监视，一旦发生自动失灵时，应立即切换至手动调节，同时联系热控人员处理。

④ 加强对炉膛燃烧的检查和调整，尽可能保持完全燃烧和防止火焰中心上移。

⑤ 在 AGC 投入运行状态下遇机组大幅度变动负荷时，监盘人员要认真监视

和调整有关参数，机组负荷变化率应设定为3～5MW/min，同时压力设定值不应过大。发现调节系统失调、迫升等现象应立即切至手动进行调整，控制锅炉不超压。

⑥ 严格执行规程规定的安全门定期校验，严格执行电磁释放阀的定期放汽试验。

2.5.7 高加解列后保持各参数稳定的措施

高加解列后，相应的抽汽门关闭，会导致汽轮机后边的蒸汽流量增大，从而会导致汽轮机功率的突然升高。高加解列后，给水温度会降低较多，这时锅炉汽温、汽压、水位和负荷将会发生变化。为了保持各参数稳定，可采取以下措施：

① 高加解列后，汽轮机负荷会突然升高，这时应及时降低上排燃烧器的给粉量，保持压力稳定，并设法把机组负荷稳定在规程规定的范围之内。

② 派专人监视汽包水位。调整水位时，应根据负荷大小、蒸汽流量大小来控制给水流量，以保持水位稳定。

③ 为应对主、再热汽温逐渐升高，这时应开大再热汽烟气挡板，必要时投再热器左右侧喷水控制好再热汽温，关小过热器烟气挡板以控制过热汽温，如主汽温仍高，可关小主给水电动门，提高给水压力，开大减温水门以提高减温水量。

④ 应注意汽压、汽温、水位、负荷相互之间的关系，首先应控制好主汽压力，以保持负荷稳定，保持机组负荷在规定范围之内，汽温高可降低上排给粉量数，直至切除上排燃烧器。调整水位时以双色、电接点水位计为准，根据负荷和蒸汽流量来控制给水流量，以保持水位正常。

2.5.8 防止过热器、再热器超温引起爆管的措施

为了防止过热器、再热器超温引起爆管，可采取以下防范措施：

① 锅炉在启、停、正常运行和工况变化大时，应加强对过热器和再热器壁温的监视，以防止超温爆管。

② 锅炉运行人员必须充分了解锅炉过热器和再热器材质及其所允许的最高运行温度，掌握过热器壁温测点的位置。

③ 锅炉点火升压期间，应投入温度探针，并监视其温度低于规定值，用烟气侧控制主汽温度，不得使用减温水。

④ 锅炉正常运行中应正确掌握好一、二级减温水使用比例。

⑤ 运行中运行人员要根据煤质变化，对锅炉进行调整，以保证燃烧正常。

⑥ 运行中锅炉用风要参照锅炉氧量变化进行调整，不能因缺风造成锅炉燃

烧恶化、火焰后移、尾部烟道燃烧，引起过热器、再热器超温。

⑦ 锅炉启动时，应将再热器烟气挡板关小；当旁路投入后要根据再热汽温变化调整再热器烟气挡板开度；当电气并网后，立即将再热器烟气挡板关至最小，之后根据再热器汽温变化调整挡板开度。

⑧ 锅炉燃烧器应对称投入，保证火焰中心适宜，避免锅炉存在过大烟气、温度偏差。

⑨ 严格监视运行参数，认真记录过热器、再热器壁温，出现异常及时分析，若超温后经调整仍无法消除要汇报有关领导，申请停炉。

⑩ 锅炉在升降负荷时，加强过热器壁温监视，要谨慎操作，合理配风，合理调整减温水，当减温水压力低时，可用关小主给水门方法提高减温水压力。

⑪ 汽轮机高加解列后，会造成主汽温度升高，此时必须充分注意汽温变化和过热器，再热器壁温变化，保持过热器不超温。

⑫ 严格执行吹灰管理制度，最大限度保持锅炉受热面清洁，增强传热，防止超温。

⑬ 加强汽水品质监督，防止由于受热面内部结垢，引起超温。

⑭ 锅炉停炉在停止供汽后，应开启集汽联箱疏水 30min，以冷却过热器。

⑮ 锅炉的停炉过程也是过热器壁温变化较大的过程，必须加强监视，特别是为烧空粉仓而进行粉、油共烧时，更要注意过热器壁温和减温水使用。

2.5.9 锅炉低负荷工况稳定燃烧的措施

为了满足电网调峰的需要，有些锅炉会在低于 50%额定负荷的低负荷下运行，为保持锅炉燃烧的稳定，应采取以下措施：

① 锅炉在降到 50%额定负荷过程中，运行操作要谨慎，负荷变化率不超过 3MW/min。

② 在 50%额定负荷时，一次风压、送风机风压、氧量要保持在合理数值。

③ 在 50%额定负荷时，炉上排燃烧器停运。上排燃烧器二次风箱挡板控制在 20%，以冷却燃烧器。

④ 制粉系统启、停操作要谨慎，不得大幅度突开和突关排粉机挡板，必须兼顾炉内的燃烧情况。

⑤ 锅炉低负荷运行期间，炉燃烧稳定性较差，炉监盘人员一定要认真监盘，精心操作，发现异常现象时，要及时采取措施，必要时投油助燃。

⑥ 注意煤质变化情况，当煤质挥发分较低，使燃烧不稳定时，要及时投油，或申请升负荷。

⑦ 炉值班人员要经常就地察看火焰的着火情况，分析炉内的配风情况，以便及时进行调整。

2.5.10 热控测量系统被冻后的运行调整措施

由于冬季寒冷，一些室外热控测量系统容易被冻结，造成热控测量仪表指示失准，调节装置失灵，给运行调整带来困难。如处理不及时，会造成停机事故。为此可采用以下技术措施：

① 对于可能发生冻结的设备，如给水流量测量管路、汽包水位测量管路、汽包压力测量管路、减温水流量管路、仪表用气源管等，运行人员要做好预防工作。

② 给水流量和汽包水位测量管路被冻后，容易造成锅炉满、缺水事故，运行调整应注意以下几点：a. 要加强对汽包水位监视，发现给水流量及汽包水位异常变化，应立即对照各水位计指示是否一致，准确判断水位高、低变化趋势。b. 将给水自调改为手动调节，以双色水位计为准，进行水位调节，调节时必须注意三个电接点水位计的指示变化，汽包水位升至+200mm 时，如果事故放水门未打开，应手动打开。水位降到 0 位时，如果事故放水门未关，应手动关闭。c. 水位调节过程中，要注意小机的实际转速与指令的偏差，一般不超过 500r/min，否则小机控制方式将转为“转速自动”。此时，如水位调节允许，应将指令与反馈偏差调平，按“锅炉自动”键，将控制方式切回锅炉侧手动控制；如水位调节不及时，应用汽轮机侧的硬手操调节，必要时启电动泵参与调节。d. 调节水位时，应注意双色水位计及电接点水位计的变化趋势，禁止大开大关，避免汽包水位大幅度波动。e. 热控测点被冻结，应尽可能早发现，以防处理不及时引起水位大幅度波动。如果发现测点被冻结，应根据就地水位计进行调节，并及时通知热控人员退出水位保护，以防保护误动作造成停炉。

③ 汽包压力表管被冻后，由于汽包压力参与锅炉主汽压力自调，此时会影响机组的负荷调整，如果自调不能满足负荷调整的要求，应将燃烧自调改为手动调节。

④ 减温水流量表管被冻后，影响运行人员对运行参数的监视，对主汽温度自调不造成影响。减温水流量对给水流量有一定的影响，如果减温水流量点变为坏点，给水自调将自动解除，切换为手动，运行人应加强这方面监视，否则应注意自调是否正常。

⑤ 如发现仪表用气源管被冻，运行人员应稳定机组负荷，联系检修或热控人员尽快处理，如果是引风机、一次风机执行机构气源管冻造成调节失灵，必要时改为手动调节，在热控人员处理过程中，应采取稳定燃烧措施，恢复气动调节时，注意执行器的反馈和输出应一致，避免执行机构波动过大。

2.6 汽轮机专业典型事故防范措施

2.6.1 防止机组烧轴瓦的措施

为了防止发生汽轮发电机组轴瓦烧毁事故，应采取以下预防措施：

(1) 机组启动过程

① 机组启动前，各油箱油位符合规程要求，每台冷油器充油后，将准备投入运行的冷油器进、出口门开启，备用冷油器入口门关闭，出口门开启。

② 每次油系统检修后，应加上滤网进行油循环，等油质合格后再去掉滤网。油系统的油质应按照规程要求定期进行化验并及时处理。

③ 油质不合格或润滑油温低于 35℃，热态启动时油温低于 38℃，禁止机组启动。

④ 机组大小修后均应进行交、直流油泵带负荷启动试验，交流油泵应有可靠的自投备用电源。

⑤ 任何一台油泵工作失常时，禁止机组启动。

⑥ 油系统运行后，无论机组在何种状态，都应认真检查油泵运行正常，各瓦回油正常，低油压保护投入。

⑦ 投盘车前，应确认盘车已通油，必须先启动顶轴油泵，使各瓦建立正常顶轴油压。

⑧ 启动中应注意调整油温，严禁油温大幅度波动，正常运行时，冷油器后供油温度在 38～45℃之间。

⑨ 在每次启动前，必须做润滑油低油压联动试验及备用泵与运行泵之间的联动试验。

⑩ 在汽轮机冲转过程中，润滑油温调整要缓慢。

(2) 机组运行过程

① 运行中的冷油器进出口门应挂有明显的禁止操作警告牌，运行中切冷油器时，除事故情况外，均在监护下按操作票进行。

② 冷油器、滤网进行切换时，必须排净冷油器、滤网的空气，切换时一定要先投入备用设备的油侧，并注意油温、油压。

③ 在专业主管主持、监护下，每半月进行一次交、直流备用油泵的启、停试验。

④ 按热工要求，定期试验低油压联动装置。运行中低油压保护退出时，应由总工批准。

⑤ 各油箱油位应保持正常，滤网前后的油压差超限要立即清洗。

⑥ 正常运行时，应定期化验油质，若出现异常要增加化验的次数。发现油质不合格要及时投入滤油机，确保油质在规定范围内。

⑦ 避免机组在振动不合格的情况下运行。

⑧ 发现下列情况之一者，应立即打闸停机：

a. 任一轴承回油温度超过 75℃；

b. 任一推力轴承金属温度升高到 107℃或支持轴承金属温度升高到 113℃；

c. 任一轴承断油或冒烟；

d. 备用润滑油泵启动后，油压仍低于规定值；

e. 润滑油箱油位低于界限值，且补油无效。

(3) 机组停机过程

① 机组停机前，应对油泵进行切换及联动试验，及时启动交流润滑油泵。

② 当转子停机惰走到2100r/min，顶轴油泵自启，否则手启。

③ 在机组盘车期间，低油压保护必须投入。

④ 盘车期间，当高、中压缸进汽区金属温度≤200℃时，因检修工作需要停盘车时，应保持润滑油泵、顶轴油泵运行。

⑤ 当高、中压缸进汽区金属温度≤150℃时，可以停止盘车及润滑油泵运行。

⑥ 机组惰走和盘车过程中，严密注意氢油压差。

⑦ 在运行中若发生可能引起轴瓦损坏（如水冲击、瞬时断油等）的异常情况停机时，应在确认轴瓦无损坏之后方可重新启动。

2.6.2 防止汽轮机超速的措施

汽轮机超速会导致严重后果，必须严加防范，可采取以下措施：

① 确认调节系统静态、动态特性良好，速度变动率不大于5%，迟缓率不大于0.2%，否则禁止机组启动。

② 确认DEH控制系统静态调试合格，液压超速滑阀动作灵活可靠，高、中压自动主汽门、调门动作灵活，若有犯卡现象时不能启动机组。

③ 汽机运行中超速保护必须投入，电超速保护电源必须可靠。

④ 汽机润滑油、抗燃油系统应按照要求进行冲洗工作。油中含水率、油中颗粒度指标化验合格。机组运行中应定期进行油质化验，油净化装置正常投入运行，防止油中带水和杂物。以免造成折断滑阀、伺服阀、电磁阀卡涩。

⑤ 抗燃油温控制在37～55℃之间，抗燃油系统中的高、低压蓄能器的压力必须保持在额定范围内。

⑥ 超速试验必须合格，试验进行两次，两次动作转速值差不超过0.6%额定转速。

⑦ 正常参数下调节系统应能维持零负荷稳定运转，否则机组不能并网。

⑧ 机组运行中应按照运行规程进行高、中压主汽门、调速汽门、抽汽逆止门活动试验且合格。

⑨ 每天应进行负荷变动试验，活动调节汽门。

⑩ 按要求定期进行保安器的充油试验。

⑪ 确认各段抽汽逆止门、高排逆止门试验动作可靠，关闭严密迅速灵活，联锁关闭正常。

⑫ 手动活动高压自动主汽门、调速汽门开关应灵活。机组大修后甩负荷

试验前，必须进行严密性试验，严密性试验应在蒸汽压力不低于额定压力50%，其允许转速应按下式调整：允许转速≤(试验压力/额定压力)×700r/min。

⑬ 确认机组就地主控试验按钮性能良好，打闸按钮性能良好。

⑭ 保持汽水品质在合格范围内，严防汽门门杆卡涩。

⑮ 运行中发现主汽门、调速汽门卡涩时，要及时消除，消除前要有防止超速措施，主汽门卡涩不能消除时要停机处理。

⑯ 机组启动、大修、危急保安器单独检修及运行6个月后，必须做超速试验。

2.6.3 防止汽轮机大轴弯曲的措施

为防止汽轮机大轴弯曲，可采取以下防范措施。

① 汽轮机启动前必须符合以下条件，否则禁止启动。

a. 汽轮机转子晃动度、轴向位移、胀差、油压、缸温、转速和振动等表计显示正确，并且正常投入。

b. 高压外缸上下缸温差不超过50℃。

c. 主蒸汽温度必须高于高压外缸最高金属温度50℃，但不超过额定蒸汽温度。蒸汽过热度不低于50℃。

d. 机组启动前连续盘车时间不得少于4h，若盘车中断应重新计算时间。

② 汽轮机在冲转之前，必须检查大轴晃动度，在盘车状态下，轴弯曲值不应超过0.076mm或原始值的±0.02mm，否则禁止汽轮机升速。

③ 停机后应按规程要求进行盘车，如动静摩擦严重或盘不动时，不可强行盘车。摩擦消失后，方可投入连续盘车，若发现盘车电流较正常值增大、摆动或机组有不正常声音时，应立即汇报有关领导。

④ 盘车装置故障不能投入运行时，应改为手动盘车。先盘动180°，然后每隔15min盘动180°，直到可以投入连续盘车为止。

⑤ 记录机组启停全过程中的主要参数和状态。停机后定时记录汽缸金属温度，大轴弯曲、盘车电流、汽缸膨胀、胀差等重要参数，直到机组下次热态启动和汽缸金属温度低于150℃。

⑥ 热态启动时，应先向轴封送汽，后抽真空，确认盘车装置运行正常。轴封供汽前一定要充分疏水。停机后当凝汽器真空到零后方可停止轴封供汽。应根据缸温选择供汽汽源，以使供汽温度和金属温度匹配。

⑦ 温态启动时，在向汽机送汽前，主蒸汽温度应比进汽部分的高压缸上部金属温度高50～80℃，但不能超过额定温度；再热段的金属温度和中压缸进汽部分外壳上部金属温度相互平衡，并且中压主汽门前蒸汽温度比中压缸进汽部分外壳上部金属温度高70℃，过热度不低于50℃，否则禁止冲车。

⑧ 机组运行中要求轴承振动不超过 0.03mm 或相对轴振动不超过 0.080mm，超过时应设法消除。当相对轴振动大于 0.260mm 应立即打闸停机；当轴承振动变化±0.015mm 或相对轴振动变化±0.05mm，应查明原因设法消除，当轴承振动突然增加 0.05mm，应立即打闸停机。

⑨ 汽机高、中、低压缸胀差超过规定值，以及高、中压缸进汽部分上、下缸金属温差大于 50℃，禁止汽轮机启动。

⑩ 在启停和变工况过程中，应按规定的曲线控制汽机参数，蒸汽温度与给定曲线值比较不超过±20℃。主、再热蒸汽温度升高到打闸限定值，应打闸停机。

⑪ 主蒸汽温度剧降，是水击的主要象征，当主汽温度 10min 内突降 50℃，应立即打闸停机；当主蒸汽过热度较低时，如调门大幅度摆动或其他原因使主汽压力突然升高，可能引起汽轮机一定程度的水冲击，应严密监视汽机振动，串轴等数值，如有异常立即打闸停机。

⑫ 所有高加、除氧器、低加保护应按规程投入运行并定期试验，确保加热器水位高时，能使加热器停止运行。如果发生加热器管束泄漏，应立即停止加热器运行，并且检查抽汽电动门关闭情况。

⑬ 甩负荷时，为防止过大的负胀差，高压缸应及时投入轴封高温汽源，投入前应充分暖管疏水。

⑭ 汽轮机启、停过程中各种疏水要严格按规程规定操作，严防水或冷汽进入汽轮机。

2.7 电气专业典型事故防范措施

2.7.1 防止全厂停电事故措施

(1) 设备方面

① 厂用电母线都装有备用电源自动投入装置，规定每月的十五号，三十号进行试验，发现问题及时处理解决。确保厂用备用装置在事故情况下能自动投入。

② 柴油机规定每月的十五、三十号白班进行试验，以确保在需要时柴油机能够在“自动”情况下启动。

③ 直流系统的保险有统一的整定方案，合理配置，保证在事故情况下保险不越级熔断，而中断保护操作电源和直流润滑油泵、直流密封油泵电源。做好蓄电池的维护管理，按时检查调整每个电池的电解液密度和电压，使其处于完好的满充电状态。

(2) 运行方式和事故处理方面

① 厂用电系统正常时由本机带本机，备用变压器处热备用状态。

② 单机运行时，高压启备变与发电机各上一条220kV母线，以确保事故情况下厂用电的安全运行。

③ 厂用电系统发生故障，备用电源自投不成功时，应检查有关厂用电设备无故障后方可向停用的设备试送电，未经检查，禁止强送电。

2.7.2 防止电气误操作的措施

① 严格执行防止电气误操作装置管理有关规定，对防误装置做到“四懂三会”，即懂原理，懂结构，懂性能，懂操作程序，会操作，会安装，会维护。

② 结合现场实际，对各类型防误操作装置等同其他电气设备进行巡视检查；对运行中发现的问题按缺陷管理制度要求，进行缺陷登记及安排消缺。

③ 将电气设备防误操作装置纳入电气设备检修后的验收工作。

④ 严格按照防误操作装置万能解锁钥匙的管理制度，使用解锁钥匙，否则按误操作对待。

2.7.3 防止发电机损坏事故的措施

① 运行人员要对发电机运行中的声音进行检查监视，如果发现有异音时要及时汇报，并根据其他运行参数进行判断，进行相应处理。

② 加强对冷却系统的检查，防止由于定子冷却水泄漏引起定子绕组相间短路。

③ 严格控制氢气的湿度在规定范围之内。

④ 加强对冷却水支路温度的监视，出水温度差和线棒温差必须保持在规定的范围之内。如果出水温度差和线棒温差达到规定的限度，要及时汇报请示停机。

⑤ 运行中严格控制冷氢温度和冷却水温度在规定范围之内。冷却水温度高于氢气温度。

⑥ 发电机氢压要保证在规定范围内，氢水差压不得小于规定数值。

⑦ 运行对每日的补氢量要做详细记录，如果补氢量增大，超过规定值，要进行详细的泄漏检查，判断是内漏还是外漏。外漏时要严格禁止发电机周围动火，内漏时要合理调整氢水差压，作好停机准备。在此期间做好相应的防范措施。

⑧ 要保持发电机的密封油系统运行状态良好，运行中要保证合适的氢油差压，通常油压高于氢压保持在0.083MPa，不得低于0.035MPa。

⑨ 运行中应按时检测发电机油系统、主油箱内、封闭母线外套内的氢气体积含量，超过1%时，应停机找漏消缺。并检测内冷水箱内的含氢量，当达到

3%时应报警，升至20%时应停机处理。

⑩ 为了防止发电机非全相运行，运行要加强发电机运行监视。如果判断为非全相运行，在主断路器无法断开时，则要断开与其连接在同一母线上的其他开关，以停止发电机运行。

⑪ 为了防止发电机非同期并网。运行人员要严格按照《规程》的规定，采用自动准同期并网。

⑫ 如果发现发电机绝缘过热监测器过热报警信号发出，发电机画面上局部温度高信号显示，应立即综合判断，采取降负荷等措施，防止发电机超温运行。

⑬ 当发电机定子回路发生单相接地故障时，如果是95%接地保护动作，而保护未跳开开关，要进行紧停操作。如果是5%接地保护动作，要及时汇报，进行监视运行。

⑭ 当发电机的转子绕组发生一点接地时，如果为低定值，应立即查明故障点与性质。如系稳定性的金属接地，而保护未动作，则应紧停。

⑮ 发电机如果没有进行进相试验，不得进相运行，如果经过试验，要严格按照试验数据控制运行，并要监视厂用电电压。

第3章 提高火电厂经济性的一般措施

3.1 火电厂的能量损失

3.1.1 凝汽式发电厂的各项损失及效率

发电厂实际生产过程的不可逆性，使得能量的转化和能量的传递过程中存在着各种损失，一般情况下，用过程和设备的热效率来表述其损失的大小。这些效率依次为：锅炉效率、管道效率、汽轮机的内效率、汽轮机的机械效率、发电机效率。

(1) 锅炉热损失和锅炉效率 η_b 发电厂的燃料在锅炉内燃烧，使燃料的化学能转变为烟气的热量，烟气流过锅炉各部分受热面，又把热量传递给水和蒸汽。锅炉效率反映了锅炉设备中能量传递过程中的各项热损失的大小。其表述为：锅炉设备输出的被有效利用的热量（锅炉的热负荷）与锅炉输入的热量（燃料在锅炉中完全燃烧时的放热量）之比。

对于不计连续排污热损失的非再热式锅炉，其效率为：

$$\eta_b = \frac{Q_b}{BQ_{net \cdot p}} = \frac{D_b(h_b - h'_{fw})}{BQ_{net \cdot p}} \tag{3-1}$$

式中 Q_b——锅炉的热负荷，kJ/h；

B——锅炉单位时间内的燃料消耗量，kg/h；

$Q_{net \cdot p}$——燃料的低位发热量，kJ/kg；

h_b——锅炉出口过热蒸汽的焓值，kJ/kg。

锅炉的效率越高，说明在锅炉的能量转换环节中的热损失越小。锅炉设备中的热损失主要包括：排烟热损失、散热损失、化学未完全燃烧热损失、机械未完全燃烧热损失、排污热损失、灰渣物理热损失等，其中排烟热损失最大，约占总损失的 40%～50%。

影响锅炉效率的主要因素有：锅炉的参数、容量、结构、燃料性质、燃烧方式以及炉内的空气动力工况等。一般情况下，需要通过试验来测定各项损失的大小，现代大型电站锅炉的效率一般为 90%～94%。

（2）管道热损失和管道效率 η_p 锅炉生产的蒸汽通过主蒸汽管道进入汽轮机做功。管道效率反映的是工质通过主蒸汽管道、再热蒸汽管道时的散热损失及工质排放和泄漏造成的热损失。事实上蒸汽在蒸汽管道中流动还有阻力损失，阻力损失通常在汽轮机的相对内效率中考虑。

管道效率表述为汽轮机组耗热量与锅炉热负荷的比值。即

$$\eta_b=\frac{Q_0}{Q_b} \tag{3-2}$$

式中 Q_0——汽轮机组耗热量，kJ/h；

$$Q_0=D_0(h_0-h'_{fw})$$

Q_b——锅炉热负荷，kJ/kg。

$$Q_b=D_b(h_b-h'_{fw})$$

$$\eta_b=\frac{D_0(h_0-h'_{fw})}{D_b(h_b-h'_{fw})} \tag{3-3}$$

管道效率主要反映了管道保温的完善程度，保温完善程度越高，则其散热损失越小，管道效率也越高；同时也反映了工质在主蒸汽管道上的泄漏和排放的大小，泄漏和排放损失越大，则管道的损失越大。一般情况下，现代发电厂的管道效率在 99%以上。

（3）汽轮机设备中的冷源损失和汽轮机的绝对内效率 η_i 由于蒸汽在汽轮机中膨胀做功的过程是一个不可逆的过程，因此除了理想冷源损失外，还存在着进汽节流、排汽及内部的各项损失，包括：喷嘴损失、动叶损失、余速损失、湿汽损失、漏汽损失、鼓风摩擦损失等。这些损失造成蒸汽的做功量减少，使汽轮机的实际排汽焓 h_c大于理想排汽焓 h_{ca}，从而增加一部分冷源损失（h_c-h_{ca}），也就是通常所说的附加冷源热损失。这些损失的大小用汽轮机的相对内效率表示。

汽轮机的相对内效率表述为蒸汽在汽轮机中的实际焓降与理想焓降的比值，即

$$\eta_{ri}=\frac{P_i}{P_{ia}}=\frac{h_0-h_c}{h_0-h_{ca}} \tag{3-4}$$

式中 P_i——汽轮机的实际内功率，kW；

P_{ia}——汽轮机的理想内功率，kW；

h_c——汽轮机的实际排汽焓值，kJ/kg。

汽轮机的相对内效率是衡量汽轮机中能量转换过程完善程度的指标。现代大型汽轮机的相对内效率为 87%～90%。

汽轮机的绝对内效率 η_i（又称实际循环热效率）表述为汽轮机的实际内功率与汽轮机组的热耗量的比值。

$$\eta_i=\frac{3600P_i}{Q_0}=\frac{D_0(h_0-h_c)}{D_0(h_0-h'_{fw})}=\frac{h_0-h_{ca}}{h_0-h'_{fw}}\times\frac{h_0-h_c}{h_0-h_{ca}}=\eta_t\eta_{ri} \tag{3-5}$$

式中　3600——电热当量，1kW·h 的电能相当于 3600kJ 的热量。

汽轮机的绝对内效率反映了机组实际冷源热损失的大小，一般情况下，其值为 35%～49%。

(4) 汽轮机的机械损失和机械效率 η_m　汽轮机的机械效率反映了汽轮机机械损失的大小。主要包括：支承轴承和推力轴承的机械摩擦损失，以及拖动主油泵和调速器的功率消耗。它使汽轮机输出的有效功率（轴端功率）总小于内功率。

汽轮机的机械效率表述为汽轮机的轴端功率与汽轮机的内功率的比值，即

$$\eta_m=\frac{P_{ax}}{P_i} \tag{3-6}$$

式中　P_{ax}——汽轮机的轴端功率，kW。

现代大型汽轮机的机械效率大于 99%。

(5) 发电机的能量损失和发电机效率 η_g　发电机的效率主要反映了发电机的损失，其主要包括：机械方面的轴承摩擦损失、通风耗功和电气方面的铜损、铁损等。

发电机效率表述为发电机输出的电功率与汽轮机输入的轴功率的比值，即

$$\eta_g=\frac{P_e}{P_{ax}} \tag{3-7}$$

式中　P_e——发电机输出的电功率，kW。

现代大型发电机的效率，氢冷时为 98%～99%，空冷时 97%～98%，双水内冷时为 96%～98.7%。

3.1.2　发电厂的总效率及热平衡

发电厂的总效率反映发电厂在整个能量转化过程中能量损失的大小。其表述为发电厂输出的电能与其消耗的能量的比值，即

$$\eta_{cp}=\frac{3600P_e}{BQ_{net\cdot p}} \tag{3-8}$$

在确定了发电厂各设备或过程的效率值后，则很容易求得整个电厂实际循环的总效率。如对凝汽式发电厂而言，其相应的各种设备及过程的（相对）热效率

为锅炉效率 η_b；管道效率 η_p；汽轮机绝对内效率 η_i（即实际循环热效率）；机械效率 η_m；发电机效率 η_g，而整个热功转换过程的热量有效利用程度则是用发电厂实际循环的总效率 η_{cp} 表示，它是各热力设备或过程效率的连乘积。

$$\eta_{cp}=\frac{D_b(h_b-h'_{fw})}{BQ_{net\cdot p}}\times\frac{h_0-h'_{fw}}{h_b-h'_{fw}}\times\frac{h_0-h_{ca}}{h_0-h'_{fw}}\times\frac{h_0-h_c}{h_0-h_{ca}}\times\frac{P_{ax}}{P_i}\times\frac{P_e}{P_{ax}}$$
$$=\eta_b\eta_p\eta_t\eta_{ri}\eta_m\eta_g \quad (3\text{-}9)$$

式（3-9）表明，凝汽式发电厂的总效率决定于各设备的分效率，其中任一设备热经济性的改善，都可能使电厂热效率有所提高，两者提高的相对值相等。所以，为了提高发电厂的热经济性，必须提高每一个设备对能量的利用率。

若以锅炉生产 1kg 蒸汽需要消耗燃料的热量为基准进行计算，可得电厂能量平衡方程为：

$$q'_{cp}=q_{lb}+q_{lp}+q_{lc}+q_{lm}+q_{lg}+3600W_e \quad \text{kJ/kg} \quad (3\text{-}10)$$

式中 q'_{cp}——锅炉每生产 1kg 蒸汽需要消耗的热量，$q'_{cp}=\frac{h_b-h'_{fw}}{\eta_b}$，kJ/kg；

q_{lb}——锅炉热损失，kJ/kg；

q_{lp}——管道热损失，kJ/kg；

q_{lc}——冷源损失，kJ/kg；

q_{lm}——汽轮机的机械损失，kJ/kg；

q_{lg}——发电机的能量损失，kJ/kg；

W_e——1kg 蒸汽的发电量，kW·h/kg。

表 3-1 列出了不同参数的凝汽式发电厂的各项损失的大小。

表 3-1 火力发电厂的各项损失 %

项目	电厂初参数			
	中参数	高参数	超高参数	超临界参数
锅炉热损失	11	10	9	8
管道热损失	1	1	0.5	0.5
汽轮机冷源热损失	61.5	57.5	52.5	50.5
汽轮机机械损失	1	0.5	0.5	0.5
发电机损失	1	0.5	0.5	0.5
总热损失	75.5	69.5	63	60
全厂效率	24.5	30.5	37	>40

3.2 提高火电厂运行经济性的一般手段

发电厂的主要损失按热量法分析是由于冷源放热而引起的热损失，按作功能力法分析是由于不可逆过程的存在造成的损失。综合这两个方面，要想提高发电厂的热经济性，就要从如何降低冷源损失和如何减少不可逆损失着手进行研究。

从提高热力发电厂热经济性总的趋势和途径来看，目前采用的技术和措施可概括为以下几个方面。

(1) 提高蒸汽初参数以提高循环吸热过程的平均温度　根据蒸汽动力循环特点，提高蒸汽初温和初压力（在工程上应用的压力范围内）均能提高循环吸热过程的平均吸热温度，从而提高循环热效率 η_t。作功能力法认为是提高了工质在锅炉内吸热过程的平均吸热温度，从而降低了工质在锅炉内的换热温差引起的作功能力损失。蒸汽初温和初压的提高，对汽轮机相对内效率 η_{ri} 有不同方向的影响，使汽轮机的绝对内效率 $\eta_i=\eta_t\eta_{ri}$ 会有不同方向的变化，其变化方向和大小主要取决于汽轮机的蒸汽容积流量，对于现代大容量汽轮机采用高蒸汽参数，可以提高汽轮机绝对内效率，是因为相对降低了蒸汽在汽轮机中不可逆性膨胀的结果。

(2) 采用蒸汽中间再过热以提高循环吸热过程的平均温度　如果中间再热参数选的合理，可提高整个循环吸热过程的平均温度，从而提高循环热效率，这也是提高了工质在锅炉内吸热过程的平均温度、减少锅炉换热温差，从而降低作功能力损失。同时降低了汽轮机的排汽湿度，使之保持在允许的范围内。通常再热后温度每升高 10℃，循环热效率可提高 0.2%～0.3%。采用一次中间再热，可使机组的热经济性提高 5%左右，采用两次中间再热，可再提高 2%左右，但系统会更复杂。

(3) 降低蒸汽终参数以降低循环的平均放热温度　降低汽轮机的排汽压力，可使循环放热过程的平均温度降低。在蒸汽初参数和循环形式已定的情况下，循环热效率随着排汽压力的降低而提高。降低放热过程平均温度可减小凝汽器内换热过程平均温差而减少作功能力损失。例如：排汽温度每降低 10℃，热效率增加 3.5%。终压力从 0.0059MPa 降低到 0.0039MPa，热效率平均增加 2.2%（蒸汽初参数 8.83MPa，490℃）。汽轮机的排汽压力与冷却水的温度和流量、凝汽器的冷却面积和构造、汽轮机末级的通流面积、汽轮机的负荷等因素有关。降低汽轮机的排汽压力是提高发电厂热经济性的主要方法之一。

(4) 采用给水回热　因回热抽汽做功汽流没有冷源损失，减小了汽轮机凝汽流流量，从而减小了整机的冷源损失，提高了循环热效率 η_t。随着回热给水温度提高，可增加工质在锅炉内吸热过程的平均温度，从而可降低由锅炉换热温差引起的作功能力损失。

(5) 有热负荷地区建设热电厂，采用热电联合生产　由于供热抽汽流与回热抽汽流一样没有冷源损失，所以可使机组的冷源损失减小。供热抽汽量愈大，机组的热经济性愈高，而且热电联产是综合用能、按质用能，从而提高了燃料化学能质量和数量的利用率。

(6) 采用燃气-蒸汽联合循环 燃气-蒸汽联合循环是以燃气轮机循环为前置循环，以蒸汽轮机循环为后置循环所组成的联合循环。它通过综合用能、按质用能，使整个循环的热效率得以提高。

采用上述方法提高发电厂的热经济性时，需要注意不能孤立地去追求提高发电厂的热经济性，而必须综合考虑技术经济因素的限制，通过全面的技术经济论证后，才能确定某项技术措施的可行性。

第4章 火电厂运行管理

4.1 运行管理概述

随着电网大容量火电机组的不断投运和现代化管理要求的不断提高，运行管理在火电厂各项管理工作中的重要性显得越来越突出，做好运行管理工作应从以下几个方面着手。

4.1.1 强化运行人员是设备“第一主人”的意识

在电厂生产过程中，运行人员时刻掌握着设备的运行状态及影响生产的各种因素，对设备的安全、经济运行直接负责，因此他们最有资格也最应该成为设备的主人。现在不能仅仅要求运行人员具有综合性的技能，更应要求他们具有高度的责任感和主人翁意识。管理人员应强化并贯彻这一理念，培养运行人员的“第一主人”意识，使他们在生产工作中时时刻刻为设备着想，为机组着想，为全厂负责，真正成为设备的“第一主人”，在具体工作过程中应做好以下几方面工作：

① 对运行工作给予足够的重视，对运行人员的价值给予充分的承认，使之感受到自身工作对于安全、经济生产的重要性，这是强化“第一主人”意识的最有效方法。

② 运行人员应积极做好运行分析工作，及时发现异常。这是运行人员作为“第一主人”所必尽的职责，当设备出现异常或故障时应能初步判断设备故障类型及其影响的范围，第一时间对问题做出处理。

③ 事故预想是提高事故状态下快速反应能力的一个有效办法，无论运行操作人员还是管理人员要时刻掌握设备的运行状态，积极主动做好各个状态下的运行危险点分析和事故预想。

④ 运行人员要掌握系统与系统之间相互制约的条件及相互影响的参数变化幅值，要预知系统在各个状态下的主要矛盾、主要危险点。当设备在带病状态或缺少监视手段下运行时，应能快速地制订出应急措施，不能有消极等待及推卸责任的想法和做法。

⑤ 运行人员要掌握生产管理的各类标准，清楚运行工作程序，以防由于工作思路不清晰导致异常状态下不知所措。

4.1.2 树立运行管理者为操作者服务的意识

管理者首先要明确自身工作对集体行为的引导作用，工作思路要清晰，目标要明确，要为运行人员营造一个良好的工作环境，为机组安全运行保驾护航；同时要时刻关注劳动者的心态，要起到言必行、行必果的诚信表率作用。具体实施过程中应注意以下几点：

① 抓好缺陷管理工作。缺陷管理要不折不扣，设备治理要加大力度，使设备处于健康状态，为运行工作提供尽可能好的硬件条件。只有设备治理好了，方可谈及机组的安全稳定运行。

② 积极提高热工自动调节及保护的投入率。对于大容量机组，这一点尤为重要，只有高水准的自动化水平才能保证机组的稳定、经济运行，同时也可以使运行人员在操作调整上减少不必要的精力消耗，在事故处理时得心应手，才能有更多的精力投入到其他更关键的操作上。

③ 运行管理者要科学、合理地布置操作任务。在布置操作任务时命令要明确、清晰、量化，不要让运行人员感到工作盲目、烦琐，否则会重复性地做一些无谓的工作，同时也会增加误操作的概率。

④ 运行操作要严格执行运行规程及其他各项规定。当设备存在缺陷、出现异常或在特殊方式下运行时，管理者应及时制订技术措施，以作为运行操作的临时依据。

⑤ 要层层落实安全生产责任制，对于违纪、违章现象坚决制止，及时纠正并进行考核。

4.1.3 严格执行“两票三制”

“两票三制”是运行管理工作的重点，也是运行管理的精髓，必须严格执行。具体实施过程中应注意以下几点：

① 加大操作票的管理力度。电气操作管理已成为火电厂集控运行管理不可

忽视的一部分，但有的电厂没设专人分管电气操作，导致电气操作责任不明，技术管理混乱，专业技术水平相对较弱。因此，要重视电气操作的分工及技能培训，严格执行电气操作的各项制度。

② 严格工作票管理，杜绝无票作业。工作票审批程序切不可走过场，应付了事。很多电厂工作时图省事不开工作票，特别是一些不需要运行人员做措施的及热工方面的工作，往往就因为无票作业，缺少了审批、许可手续，最终酿成事故。作为运行人员在工作票许可手续上要严格把关，杜绝无票作业。

③ 认真执行交接班制度。接班人员应达到掌握设备运行状态后方可接班，这就要求接班人员重视设备巡视，认真查阅各种记录以及详细掌握休班期间发生的各类事件的原因、过程及防范措施。同时交接班时的签字、列队交接仪式是使接班人员思想上立即投入到工作状态的有效过程，这并非是走形式。交班会一定要对本班工作及时总结、分析，注意时效性，这将有利于提高运行的工作质量。

④ 提高运行人员监盘、巡视质量，加强培养运行人员及时发现问题的能力。运行人员对参数变化要有分析对比，对设备运行状态要心中有数，否则就会失去抄表、监视画面、巡视设备的意义。

⑤ 定期试验及轮换制度是“两票三制”中不应忽视的一项工作，是运行人员检验运行及备用设备是否处于良好状态的重要手段。无备用设备就意味着缺少一种运行方式，安全运行就失去了一道保障，所以对备用的设备应视同运行设备，应积极联系处理缺陷，使之处于良好的备用状态，否则一旦运行设备发生故障，在无备用或少备用设备的情况下，运行人员处理事故时调节余地小，往往会导致事故扩大。

4.1.4　加强运行人员的技能培训

运行人员的业务能力提高是设备安全、经济运行的第一要素。由于集控运行技术含量越来越高及人员流动越来越快，使人员培训成为运行管理工作的重要组成部分。除常规培训外，还要注意以下几方面的问题：

① 要求运行人员注重运行规程、安全规程的理解，这是运行人员的业务基础。规程及各种技术规定不能死记硬背，而应加深理解、使之融会贯通。

② 运行人员要掌握设备结构、系统运行原理，这样运行人员就会在任何异常情况下都能迅速地得出一个准确的判断，并能用最佳的方法处理故障。

③ 运行培训要注重时效性、针对性，对于管理者下达的命令、运行措施要帮助运行人员理解到位、执行到位。

④“传、帮、带”的老培训方式是提高员工工作技巧的最有效方式，不能因电厂自动化水平的提高而抛弃。

4.1.5 营造诚实守信、团结协作的工作氛围

一个集体养成良好的工作习惯会使管理者工作起来得心应手，但良好的习惯养成是需要投入大量精力及较长时间磨合的。这就要求管理者要重视团队的文化建设，努力营造一个团结协作的集体，可通过各种活动、宣传载体（如网页、报纸、广播等）进行宣传和表彰，管理者要注重弘扬和营造一种健康向上的文化氛围，这将有助于运行工作的开展。

单元机组集控运行对运行人员的组合、搭配、团队协作要求越来越高。单元机组运行人员能否合理分工、相互配合已成为影响机组安全、经济运行的一个重要因素。因此必须设法把他们培养成善于沟通、合作，工作默契，团结有序的集体。管理者要对他们内部之间的配合给予足够的关注及有效的、及时的干预。

4.2 火电厂生产指标体系

生产指标指的是生产企业预期中计划达到的指数、规格、标准。火电厂的生产指标体系很复杂，由经济指标、技术经济指标、设备性能参数指标等组成。其中，应用较多的为技术经济指标。

技术经济指标是对生产经营活动进行计划、组织、管理、指导、控制、监督和检查的重要工具。利用技术经济指标，可以：

① 查明与挖掘生产潜力，增加生产，提高经济效益；

② 考核生产技术活动的经济效果，以合理利用机械设备、改善产品质量；

③ 评价各种技术方案，为技术经济决策提供依据。

技术经济指标既属于经济指标，但又区别于经济指标，如消耗总量、产品产量等单纯表示资源消耗与经济成果的指标不是技术经济指标，只有将两个相关的经济指标进行比较而得到的经济指标才是技术经济指标。技术经济指标的表示方法主要有三种：

① 双计量单位表示法。即将消耗与成果进行比较时所得到的指标，如煤耗率等，用双计量单位表示：g/(kW・h)。

② 百分率表示法。即在某一总体中某一部分所占比重，如厂用电率等均用“%”表示。

③ 指数表示法。即在两个相关指标中，用“一个为100时，另一个为多少”表示。如百元产值提供利润、百元资金提供产值等都是用这种方法表示。

另外，火电厂生产指标还可以分成热工指标、电气指标、可靠性指标、安全指标、科技指标、环保指标等几类。

通常，生产指标还可以分为大指标和小指标。

大指标（又叫主要指标或综合性指标）指的是衡量火电厂全厂经济效果和技术性能的指标。主要包括：发电量、供电量和供热量、供电成本、供热成本、供电标准煤耗率、供热标准煤耗率、厂用电率、发电设备等效可用系数、发电设备的最大出力和最小出力、单位发电水耗。

小指标是根据影响大指标的因素和参数，结合生产过程各环节的特点，按照工种、设备和岗位对大指标进行分解而得到的指标。主要包括：锅炉专业小指标、汽轮机专业小指标、燃料专业小指标、化学专业小指标等。不同的专业根据自己的特点设有相应的小指标体系，如表 4-1 所示。

表 4-1　火电厂不同专业小指标一览表

专业名称	锅炉	汽轮机	电气	燃料	化学	热工
小指标	锅炉效率 主蒸汽压力 主蒸汽温度 再热蒸汽温度 排污率 排烟含氧量 锅炉排烟温度 空气预热器漏风率 除尘器漏风率 吹灰器投入率 飞灰和灰渣可燃物 煤粉细度合格率 制粉耗电率 风机耗电率 除灰耗电率 点火和助燃用油量	热耗率 凝汽器真空度 真空系统严密性 凝汽器端差 凝结水过冷度 最终给水温度 给水泵耗电率 凝结水泵耗电率 循环水泵耗电率 高压加热器投入率 高压给水旁路泄漏率 加热器端差 除氧合格率 胶球清洗装置投入率 胶球清洗装置收球率 湿式冷却塔冷却幅高	频率偏差与频率合格率 电压偏差与电压合格率 交流电总谐波畸变率 三相电压不平衡度 有功功率 无功功率 功率因数 保护装置投入率 继电保护装置投入正确率 远动设备故障率	燃料到货率 燃料斤率 燃料检质率 燃料亏吨率 索赔率 配煤合格率 煤场结存量 吨煤耗电率 入炉燃料量 煤的低位发热量 入厂煤与入炉煤热值差	自用水率 机组补充水率 汽水损失率 蒸汽品质合格率 循环水浓缩倍率 循环排污水回收率 工业水回收率 单位发电量取水量 化学取水量 工业取水量 供热回水率	热工仪表准确率 热工保护装置正确动作率 热工自动装置完好率 热工仪表完好率 热工自动控制系统投入率 热工保护装置投入率

不同的电厂根据自己的具体情况，小指标可能有所增减。

4.3 火电厂节能技术监督

发电企业技术监督包括：绝缘监督、电测监督、继电保护及安全自动装置监督、励磁监督、节能监督、环保监督、化学监督、热工监督、金属监督、电能质量监督、水工监督、汽轮机监督等。节能技术监督只是其中的一项监督。节能技术监督是指采取技术手段或措施，对发电企业在规划、设计、制造、建设、运行、检修和技术改造中有关能耗的重要性能参数与指标实行监督、检查、评价及调整。

4.3.1 锅炉经济技术指标内容

① 锅炉效率。实际运行期间，锅炉效率应不低于设计效率两个百分点。

② 锅炉主蒸汽压力、锅炉主蒸汽温度、锅炉再热蒸汽温度。实际运行偏差不超过设计的允许波动范围。

③ 锅炉排烟温度。锅炉排烟温度（修正值）在统计期间平均值不大于规定值的3%。

④ 飞灰（炉渣）含碳量。在锅炉额定出力下，煤粉燃烧方式的飞灰含碳量随燃煤干燥无灰基挥发分的变化见表4-2。

表4-2 飞灰含碳量与挥发分的变化关系 %

挥发分	$V_{daf}<6$	$6\leqslant V_{daf}<10$	$10\leqslant V_{daf}<15$	$15\leqslant V_{daf}<20$	$20\leqslant V_{daf}<30$	$V_{daf}\geqslant 30$
含碳量	20～10	10～4	8～2.5	6～2	5～1	3.5～0.5

注：炉渣含碳量大致与飞灰相同

⑤ 排烟含氧量。统计期排烟含氧量为规定值的±0.5%。

⑥ 空气预热器的漏风率。空气预热器漏风率应每月或每季度测量一次。管式空气预热器漏风系数每级不大于5%，回转式空气预热器漏风率不大于10%。

⑦ 除尘器漏风率。除尘器漏风率至少检修前后测量一次。小于300MW机组电气除尘器漏风率不大于5%，大于或等于300MW机组电气除尘器漏风率不大于3%。

⑧ 吹灰器投入率。以统计报表、现场检查或测试的数据作为监督依据。统计期间吹灰器投入率不低于98%。

⑨ 煤粉细度合格率。对于燃用无烟煤、贫煤和烟煤时，煤粉细度R_{90}可按$0.5nV_{daf}xr$选取（n为煤粉均匀性指数），煤粉细度R_{90}的最小值应控制在不低于4%。当燃用褐煤时，对于中速磨煤机，煤粉细度R_{90}取30%～35%节能技术监督；对于风扇磨，煤粉细度R_{90}取45%～55%。

⑩ 点火和助燃油（或天然气）量。至少达到对标管理的达标值。

4.3.2 汽轮机经济技术指标内容

① 热耗率。以统计期最近一次试验报告的数据作为监督依据。

② 汽轮机主蒸汽压力。统计期平均值不低于规定值0.2MPa，滑压运行机组应按设计或试验确定的滑压运行曲线或经济阀位对比考核。

③ 汽轮机主蒸汽温度、汽轮机再热蒸汽温度统计期平均值不低于规定值3℃，对于两条以上的进汽管路，各管路温度偏差应小于3℃。

④ 最终给水温度。统计期平均值不低于对应平均负荷设计的给水温度。

⑤ 高压给水旁路泄漏率。高压给水旁路泄漏率应每月测量一次，最后一个高压给水加热器后的给水温度应等于最终给水温度。

⑥ 加热器端差。加热器端差应在 A、B 级检修前后测量。统计期加热器端差应小于加热器设计端差。

⑦ 高压加热器投入率。高压加热器随机组启停时投入率不低于98%，高压加热器定负荷启停时投入率不低于95%，不考核开停调峰机组。

⑧ 胶球清洗装置投入率。胶球清洗装置投入率不低于98%。

⑨ 胶球清洗装置收球率。胶球清洗装置收球率不低于95%。

⑩ 凝汽器真空度。对于闭式循环水系统，统计期凝汽器真空度的平均值不低于92%。对于开式循环水系统，统计期凝汽器真空度的平均值不低于94%。

⑪ 真空系统严密性。对于循环水冷却的机组，100MW 及以下机组的真空下降速度不高于400Pa/min；100MW 以上机组的真空下降速度不高于270Pa/min。循环水供热机组仅考核非供热期，背压机组不考核。

⑫ 凝汽器端差。当循环水入口温度小于或等于14℃时，凝汽器端差不大于9℃；当循环水入口温度大于14℃并小于30℃时，凝汽器端差不大于7℃；当循环水入口温度大于或等于30℃时，凝汽器端差不大于5℃。

⑬ 凝结水过冷度。统计期凝结水过冷度平均值不大于2℃。

⑭ 湿式冷却塔的冷却幅高（也叫逼近度）（是指冷却塔出口水温度与大气湿球温度的差值）。湿式冷却塔的冷却幅高应每月测量一次，以统计报告和现场测试的数据作为监督依据。在冷却塔热负荷大于90%的额定负荷、气象条件正常时，夏季测试的冷却塔出口水温度不高于大气湿球温度7℃。

4.3.3 电气指标内容

① 辅助设备单耗。对6000V 及以上的辅助设备应按规定统计单耗。

② 辅助设备耗电率。对6000V 及以上的辅助设备应按规定统计耗电率。

③ 非生产耗电量。每月应对非生产消耗的电量以及收费的电量进行统计。

④ 综合厂用电量（率）。

⑤ 辅助厂用电量（率）。

4.3.4 化学水指标内容

① 化学自用水率。地下取水时，统计期化学自用水率不高于6%。江、河、湖取水时，统计期化学自用水率不高于10%。

表 4-3 火电厂节能技术监督月报表（锅炉部分）

发电厂名称：

炉号	锅炉容量/(t/h)	锅炉产气量/(t/h)		运行小时数/h		平均流量/(t/h)		最大流量/(t/h)		主蒸汽压力/MPa		主蒸汽温度/℃		再热蒸汽压力/MPa		再热蒸汽温度/℃	
		本月	累计	本月	累计	本月	累计	本月	累计	本月	累计	本月	累计	本月	累计	本月	累计

炉号	锅炉容量/(t/h)	冷风温度/℃		排烟温度/℃		氧量/%		空气预热器漏风系数/%		飞灰含碳量/%		灰渣含碳量/%		锅炉效率/%		排污率/%	
		本月	累计	本月	累计	本月	累计	本月	累计	本月	累计	本月	累计	本月	累计	本月	累计

表 4-4 火电厂节能技术监督月报表（汽轮机部分）

发电厂名称：

机号	汽轮机容量/MW	发电量/kW·h		厂用电率/%		运行小时数/h		平均负荷/MW		最大负荷/MW		主蒸汽压力/MPa		主蒸汽温度/℃		再热蒸汽压力/MPa		再热蒸汽温度/℃		循环水入口温度/℃		排气温度/℃	
		本月	累计	本月	累计	本月	累计	本月	累计	本月	累计	本月	累计	本月	累计	本月	累计	本月	累计	本月	累计	本月	累计

机号	汽轮机容量/MW	凝汽器端差/℃		真空度/%		给水温度/℃		热耗率/[kJ/(kW·h)]		汽轮机效率/%		供电煤耗率/[g/(kW·h)]		高加投入时间/h		高加投入率/%		凝汽器过冷度/℃		收球率/%		真空严密性/(kPa/min)	
		本月	累计	本月	累计	本月	累计	本月	累计	本月	累计	本月	累计	本月	累计	本月	累计	本月	累计	本月	累计	本月	累计

表 4-5　火力发电厂节能技术监督月报表（全厂汇总）

发电厂名：

统计内容			发电量/kW·h	供热量/GJ	厂用电量/kW·h 发电	厂用电量/kW·h 供热	厂用电率/% 发电	厂用电率/% 供热	标准煤量/t 发电	标准煤量/t 供热	标准煤耗率/[g/(kW·h)]或/(kg/GJ) 发电	标准煤耗率 供电	标准煤耗率 供热
全厂	今年	本月											
		累计											
	去年	本月											
		累计											
	本月计划												
差值	与本月计划比												
	与去年同月比												

主要设备完好率/%				主要设备停用影响发电量情况/kW·h											
				计划停用				非计划停用				调峰启停			
				时间		影响电量		时间		影响电量		次数		影响电量	
			机组号	本月	累计	本月	累计	本月	累计	本月	累计	本月	累计	本月	累计
全厂															
机															
炉															
电															
变															
机组安全运行天数：　天															

燃料消耗情况					
项目	单位	煤 本月	煤 累计	油 本月	油 累计
计划量	t				
实际入厂量	t				
发电供热用量	t				
非生产用量	t				
储途损失量	t				
月末库存量	t				
到货率	%				
检斤率	%				
检出亏吨煤量					
追回亏吨煤量					
化验核实率	%				
检出质价不符					
入厂发热量					
炉前发热量					
助燃用油量					
点火用油量	t/月		次/月		
	t/月				

指标	单位	本月	累计
上网供电煤耗	g/(kW·h)		
综合厂用电率	%		
非生产用电率	%		
非生产用热量			
非生产用水量			
胶球装置投入率	%		
收球率	%		
保温不合格处			
汽水泄漏点数			

辅助设备用电率			
设备名称	单位	本月	累计
给水泵	%		
循环水泵	%		
凝结水泵	%		
送风机、引风机	%		
一次风机、排粉风机	%		
磨煤机	%		
除灰系统	%		
输煤系统	%		
化学制水	%		

水消耗指标			
项目	单位	本月	累计
发电水耗	m^3/(kW·h)		
供热水耗	m^3/GJ		
全厂复用水率	%		
汽水损失率	%		
发电补水率	%		
供热补水率	%		
化学自用水率	%		
循环水浓缩率	—		
水灰比	—		

填报：　　　　审核　　　　批准：　　　　年　　月　　日

② 机组补水率。单机容量大于 300MW 的凝汽机组，其机组补水率低于 1.5%；单机容量小于 300MW 的凝汽机组，其机组补水率低于 2.0%。

③ 汽水损失率。汽水损失率应低于锅炉实际蒸发量的 0.5%。

④ 汽水品质合格率。要求达到 100%。

⑤ 水灰比。每季度测量一次。高浓度灰浆的水灰比应为 2.5～3.0；中浓度灰浆的水灰比应为 5～6；不宜采用低浓度水力除灰。

⑥ 循环水浓缩倍率。加防垢、防腐蚀药剂及加酸处理时，循环水浓缩倍率应控制在 3.5 左右；采用石灰处理时，循环水浓缩倍率应控制在 5 左右；采用弱酸树脂等处理方式时，循环水浓缩倍率应控制在 5 左右。

⑦ 循环水排污回收率。循环水排污可作为冲灰渣或经过简单处理后用于其他系统的供水水源。循环水排污回收率应达到 100%。

⑧ 工业水回收率。除脱硫水、冲灰水和循环排污水等，工业水的回收率达到 80%，尽可能达到 100%。

⑨ 取水量，单位发电量取水量。

⑩ 化学取水量、工业取水量、生活取水量。

⑪ 供热水回收率。

⑫ 锅炉排污率。

4.3.5 燃料指标

① 燃料检斤率、燃料检质率。均达到 100%。

② 入场煤和入炉煤热量差。均要求不大于 502kJ/kg。

③ 煤场存损率。不大于 0.5%。

④ 燃料到货率。

4.3.6 发电企业节能技术监督报表

如表 4-3～表 4-5 所示。

4.4 发电设备的点检与定修管理

发电设备的点检与定修管理并不属于运行管理的范畴，但与机组运行有着紧密联系，作为火电厂的运行人员必须了解相关知识。

点检定修制是全员、全过程对设备进行动态管理的一种设备管理方法，它是与状态检修、优化检修相适应的一种设备管理方法。应用这种方法，可有效地防止设备的过维修和欠维修，提高设备的可靠性，降低维修费用，因此被广泛地应用在许多工业生产领域，尤其适合于连续不间断的生产系统。

点检定修制实行以设备点检管理为核心的设备维修管理体制，通过点检基础上的定修（即根据设备状态安排检修）使设备的可靠性和经济性达到最佳配合。

在这种体制下，点检人员既负责设备点检，又负责设备管理。点检、运行、检修三方之间，点检处于核心地位，是设备维修的责任者、组织者和管理者。点检人员是其所管辖设备的责任主体，严格按标准进行点检，并承担制定和修改维修标准、编制和修订点检计划、编制检修计划、做好检修工程管理、编制材料计划及维修费用预算等工作。这种体制的最终目标是以最低的费用实现设备的预防维修，保证设备正常运转，提高设备利用率。

与传统的设备管理相比较，它有下列主要特点：

① 点检制明确了设备管理的责任主体——点检员，而且明确了点检员对设备的全过程管理负责，而传统设备管理中设备的管理职责难以十分清楚界定。

② 点检制明确了以设备状态为定修的基础，同时也提出了优化检修策略，执行点检定修管理将使我们的管理从计划检修逐步进入状态检修和优化检修。

③ 点检制明确了对所有设备进行全过程的动态管理，在实行 PDCA 循环（详见点检的业务流程）的同时，对设备进行持续改进，最终达到设备受控、有关技术标准符合客观实际的目的。

④ 点检制所推荐的设备管理组织机构是精简高效的管理体制，实现组织机构扁平化，减少机构层次，它的管理模式可与国际上其他发达国家相接轨。

⑤ 点检制要求管理方即点检员共同参与现场的安全、质量上的“三方”确认，加强了对重大安全、质量工作的管理力度。

⑥ 点检制明确了对设备管理的全员参与，电厂的主要管理力量要放在管理设备上，运行、检修、管理三方均要树立自己对设备的责任和管理要求，同时提出了以人为本和自主管理的观念，激励员工全员全身心投入设备管理。

⑦ 点检制明确实行标准化作业，要求建立设备管理的“四大标准”体系。即检修技术标准、检修作业标准、点检标准、设备维护保养标准。同时也要求建立为贯彻“四大标准”相应的管理标准。强调所有标准均是科学管理的支持体系。

⑧ 点检制主张员工工作的有效性，强调工作是否有成效。例如点检工作的有效性；编制计划的准确程度（命中率）、减少过维修和欠维修、设备是否受控等。

⑨ 点检制推行满负荷工作法和人员的多能化，例如要求点检员实行随手点检（消缺）和实行 A、B 角，对维修人员要求一专多能等。

⑩ 点检制要求管理方、运行方、检修方的协调统一，要求专业间相互协调统一，实行“工序服从”原则，要求管理决策尽量符合客观实际，要求计划命中率不断提高，突出为生产第一线服务的观点。

⑪ 点检制明确规定了设备的最佳状态，提出了设备的“四保持”（保持设备

的外观整洁、结构完整、性能和精度、自动化程度)。这项工作的落实和推进,有利于巩固我国电力行业的达标、创一流成果。

⑫ 点检制规范了点检员的行为,要求工作时间标准化、工作方法规范化、工作程序标准化,要求点检员抓"五大要素"(即:点检管理、日常维护、设备的"四保持"、备品备件管理、按计划检修),实行"七步工作法"(即:调查现状,发现问题,制订计划,计划实施,措施保证,实绩分析,巩固提高)等。

4.4.1 设备的点检管理

设备点检是一种科学的设备管理方法。它是利用人的感官("五感":视、听、触、嗅、味觉)或用仪表、工具,按照标准,定点、定人、定期地对设备进行检查,发现设备的异常、隐患,掌握设备故障的前兆信息,及时采取对策,将故障消灭在发生之前的一种管理方法。它是日本在美国预防维修制的基础上吸收当时世界上的一些先进理念和方法发展形成的一种设备管理方法和制度。

点检管理是设备预防维修的基础,是现代设备管理的核心部分。通过对设备进行点检作业,准确掌握设备状态,采取预防设备劣化措施,实行有效的预防维修,以设备受控作为点检管理的目标,从以修为主转为以管为主上来,使设备获得最大的综合效益。

4.4.2 设备点检管理的基本原则和主要优点

(1) 基本原则 设备点检管理完全改变了传统的设备检查业务机构层次和业务流程,不同于传统的设备巡回检查,它的基本原则有如下几点。

① 定点。科学地分析以确定设备的维护点,找准该设备可能发生故障和劣化的部位,同时确定各部位检查的项目和内容,如回转部位、滑动部位、传动部位、荷重支撑部位、受介质腐蚀部位以及承压部位等。

② 定标准。根据维修技术标准的要求,确定每个维护点的检查参数(如温度、压力、振动、流量、间隙、电压、电流、绝缘等)的正常工作范围。

③ 定人。点检作业的核心是专职点检员的点检。点检员是按区域、按设备、按人员素质要求选定的,所辖点检区的设备管理者是分管设备的责任主体。一经确定,不轻易变动。点检员实行常白班工作制。点检员是经过专门培训、具有一定设备管理能力、精通本专业技术、有实际工作经验、有组织协调能力的设备管理人员。

④ 定周期。根据具体情况制定设备点检周期,有的点可能每班检查,有的则一日一查,有的数日一查、一周一查或一月一查等。

⑤ 定方法。根据不同设备和不同点检要求，明确点检的具体方法，如用感观或用普通仪表、工具以及精密仪表、工具进行监测、诊断等。

⑥ 定量。在点检的同时，把技术诊断和倾向性管理结合起来，对有磨损、变形、腐蚀等减损量的点，用劣化倾向管理的方法进行量化管理。逐步达到通知维修的要求，实行现代设备技术同科学管理的统一。

⑦ 定业务流程。明确点检作业的程序，包括点检结果处理对策。业务流程应包括日常点检和定期点检，发现的异常缺陷和隐患，凡急需处理的由点检员预知维修人员解决，其余的列入正常维修处理。

⑧ 定点检要求。点检员工作时，必须做到以下几点：

a. 定点记录。通过不断积累（量化管理），找出设备状态的内在规律。

b. 定标处理。坚持标准要求，发现问题，按标准处理。

c. 定期分析。点检记录周分析，月分析，重点设备定期分析，每年有系统汇报。

d. 定项设计。查出问题，需要改进的，规定计划项目，定项进行。重大问题则需提出课题，开展自主管理，发动员工提出革新、创造建议予以解决，其余的列入正常维修处理。

e. 定人改进。改进项目，从设计、改进、评价、再改进的全过程都要有专人负责，保持系统性、连续性。

f. 系统总结。每半年进行一次点检工作的期中总结，每年进行一次系统、全面总结，不断推进点检管理。

(2) 主要优点　有效的设备点检管理，可以逐步深入掌握设备的内在规律，使设备的状态受控，它有以下优点：

① 准确掌握设备现状，发现隐患，及时采取对策，把故障消灭在萌芽状态。

② 通过资料积累，提出合理的设备维修和零部件更换计划，不断总结经验，完善维修标准，保持设备性能稳定，延长设备寿命。

③ 设备的故障和事故停机率大幅度下降，经过一段时间的努力，可靠性逐步达到并保持较高的水平。

④ 维修费用明显下降，有资料表明日本实施点检管理后，维修费用降低了20%～30%。

⑤ 维修计划加强，定修模型确立，间隔延长，时间缩短，维修效率提高，设备综合效率提高。

在实施点检制后，在持续改进设备的同时，不断总结经验，加强设备状态检测和技术诊断，不断扩大状态检修的比例，实现优化检修。

4.4.3　点检分类和周期

点检管理的分类按不同的要求通常可归纳为三种。

(1) 按点检目的分类

① 良否点检。检查设备的好坏，即缺陷、隐患和性能降低，判断是否要维修。

② 倾向点检。对重点设备或已发现隐患需加强控制的设备进行劣化倾向管理，预测劣化点的维修时间和零部件更换周期。

(2) 按点检方法分类

① 解体点检。对设备进行解体维修。

② 不解体点检。只对设备进行一般性处理。同时，还可以分为停役与不停役，即是否需要上级调度部门申请设备停止运行后处理。

(3) 按点检周期分类

① 日常点检。即在设备运行中的巡检，由运行人员完成。

② 定期点检。由专业点检员完成。

③ 精密点检。由专业点检员、专业技术人员共同完成。

从表 4-6 可知，在定期点检中，要注意做好循环点检和维护，主要是为测定设备劣化程度，确定检修周期，解决设备存在的问题，使之为该设备的状态检修提供可靠依据。

表 4-6 点检周期表

种类	方法	实施人员	周期	检查内容
日常点检	设备运行中或运行前后主要凭“五感”及仪表(在线)	运行人员	24h(由点检指导)	良否点检，加油脂
定期点检	设备运行中或运行前后主要凭“五感”及仪表(离线)工具	点检员	按点检标准制定的周期	振动、温升、磨损、异声、振动、电压、电流等
	主要通过解体或循环点检，或用仪器、仪表检测	点检员	按设备、按计划周期	进行循环维护，加油脂，测定劣化程度
精密点检	用特殊仪器、仪表，特殊方法进行测试	点检员、专业技术人员	按点检发现问题制订的计划及设备周期	定量检测有关机械物理量，成分分析，探伤、失效分析等

4.4.4 设备管理的五层防护线

设备管理的五层防护线，又称五层设防，就是把岗位日常点检、专业定期点检、专业精密点检、技术诊断和倾向管理、精度性能测试检查等结合起来，以保证设备安全、稳定、经济运行的防护体系。表 4-7 所示为点检制五层防护线。

① 第一层。随着设备技术性能和自动化水平不断提高，大容量、高参数的发电设备都实行集中控制和无人操作，运行生产由人操纵自动控制设备、控制设备操纵机器设备来完成，设备已凸现其重要的地位。因此，岗位值班（操作）人员实质上也是设备的维护保养人员。通过岗位运行人员负责的日常巡（点）检，

发现异常，排除小故障；进行小维修，这是防止设备发生事故的第一层防护线。

表 4-7　点检制五层防护线

序号	层次	负责方	方式	实施人	点检手段
1	岗位日常点检	运行方	3 班、24h	值班员及巡操员	专业知识＋“五感”＋仪表＋实践经验
2	专业定期点检	设备方	长白班，按点检计划	点检员	专业知识＋“五感”＋仪表＋实践经验
3	专业精密点检	设备方	按精密点检计划	点检员、专业技术人员	专业知识＋精密仪器工具＋特殊测试方法＋实践经验＋理论分析
4	技术诊断与劣化倾向管理	设备方	按项、按计划	点检员、专业技术人员	专业知识＋精密仪器＋理论分析＋科学管理
5	精密性能测试	设备方	定期测试	点检员、专业技术人员	专业知识＋精密仪表＋实践经验＋理论分析＋科学管理

② 第二层。专业点检员是设备维修管理的责任主体，具有全面的业务知识、实际技能和协调管理能力。专业点检员依靠经验和仪器进行日常点检，及时发现设备隐患。同时依靠仪器、仪表对重点设备、重要部位进行重复的、详细的点检，并协同检修方进行以测定劣化程度为主要目的的循环、滚动维修，及时排除故障，这是防止设备事故发生的第二层防护线。

③ 第三层。在日常点检和专业点检的基础上，点检员和专业技术人员精密点检是防止设备事故发生的第三层防护线。

④ 第四层。与上述“三位一体”（日常点检、定期点检、精密点检）相协同的技术诊断和倾向管理。无论上述何种点检中发现异常，必要时都可以使用技术诊断的方法探明因果，为决策提供最佳处理方案或控制缺陷的发展，同时对重要部位或系统确定倾向管理项目。技术诊断可不断地记录动态指标，做出曲线，做到一有异常立即发现，为倾向管理提供依据。因此，技术诊断和倾向管理是点检管理的重要组成部分，是确定设备状态的依据，是防止设备事故发生的第四层防护线。

⑤ 第五层。经过上述四层防护，设备能否保持它的基本特性，还要检查设备的综合性精度。要按精度检查周期的要求，定期（半年、一年或经过年修后）进行精度检测和性能指标检验，计算其精度良好率，分析劣化点，以考评和控制设备性能和技术经济指标，评价点检效果。对发电设备来说，主要是检测机、炉效率，供电煤耗量等经济指标，以及安全性、可靠性、自动化投入率及动作准确率，保护投入率及动作正确率和设备优良率等，这是对点检实绩的考核，是防止设备事故发生的第五层防护线。

上述设备的五层防护是设备点检制的精华，是建立完整的点检工作体系的依据。按照这一体系，把企业的各类点检工作关系统一起来，使运行岗位人员，专业点检人员、专业技术人员，检修人员等不同层次、不同专业的全体人员都参加管理；把简易诊断、精密诊断以及设备状态监测和劣化倾向管理、寿命预测、故障分析、精度与性能指标控制等现代化管理方法统一起来，从而使具有现代化管理知识和技能的人、现代化的技术装备手段和现代化的管理方法三者结合起来，形成了现代化的设备管理体系。

4.4.5 点检的业务流程

点检的业务流程是指点检工作的进行的程序，也称为点检工作模式。即点检员进行计划、实施、检查、修正反馈的 PDCA 工作循环步骤。

PDCA 的含义如下：P（plant）—计划；D（do）—执行；C（check）—检查；A（act）—行动，对总结检查的结果进行处理，成功的经验加以肯定并适当推广、标准化；失败的教训加以总结，未解决的问题放到下一个 PDCA 循环里。以上四个过程不是运行一次就结束，而是周而复始的进行，一个循环完了，解决一些问题，未解决的问题进入下一个循环，这样阶梯式的上升。图 4-1 所示为点检管理的 PDCA 循环示意图。

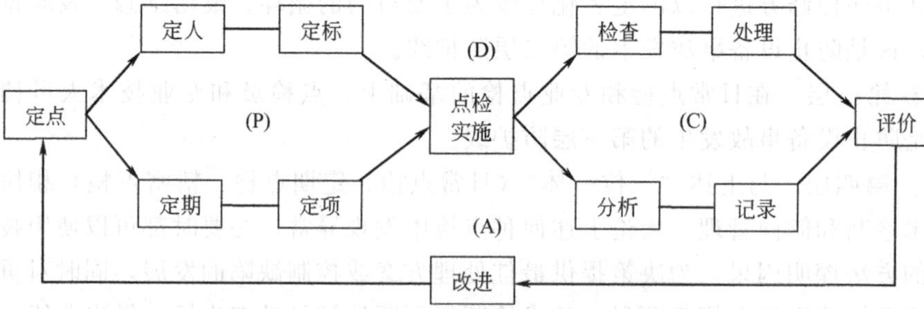

图 4-1　点检管理的 PDCA 循环示意图

4.4.6 设备定修概述

设备定修是指在推行设备点检管理的基础上，根据预防维修的原则，按照设备的状态，确定设备的检修周期和检修项目，在确保检修间隔内的设备能稳定、可靠运行的基础上，做到使连续生产系统的设备停修时间最短，物流、能源和劳动力消耗最少，是使设备的可靠性和经济性得到最佳配合的一种检修方式。

根据点检定修管理的内涵和设备定修的定义，与传统的计划检修相比照，设备定修有以下的特征。

(1) 设备定修是在设备点检、预防检修的条件下进行 设备定修是为了消除设备的劣化，经过一次定修使设备的状态恢复到应有的性能，从而保证设备可连续不间断、稳定、可靠运行，达到预防维修的目的。同时也明确提出定修项目的确立是在设备点检管理的基础上，要求尽量避免“过维修”和“欠维修”，做到该修的设备安排定修，不该修的设备则要避免过度检修，逐步向状态检修过渡。

(2) 设备定修推行“计划值”管理方式 对停机修理的计划时间，力求达到100%准确，即实际定修时间不允许超过规定时间，也不希望提前很多时间。定修项目的完成也追求100%准确，减项和增项同样不好。如果每次定修有很多项目不是预先设定的项目，那就算不上是按照设备状态来确定检修。

上述计划值的制定是基于各级设备管理人员（包括设备主管、专工、点检员）日常工作的积累，要求计划命中率（准确率）逐步有所提高。

点检定修制强调工作的有效性，要求制订的计划值符合客观实际情况，计划命中率（准确率）的高低反映了各级设备管理人员的综合工作水平，有的企业将计划命中率作为衡量员工工作的一个标准。

(3) 定修项目的动态管理是设备定修的主要特征 点检定修制明确将PDCA的工作方法贯穿于设备的全过程管理，对每一个定修过程要认真记录修前、修后的设备状况，对劣化部位及相应的预防劣化的措施记录在案。除在日常点检管理中跟踪检查外，在下一次定修时要进行总结，并在此基础上提出相应意见，不断地完善设备的技术标准和作业标准，修改相应的维护标准和点检标准，达到延长检修周期和零部件寿命的目的，也称为设备的持续改进。

设备定修要求所有检修项目的检修质量受控，而点检制强调设备除了在运行期间的受控外，还要求在检修期间的所有检修项目的检修质量受控。要求每一个点检员参与检修现场的检修质量确认，点检定修管理导则规定了“两方确认”，即对重大安全、质量问题，点检员要到现场进行确认。目前对检修质量的监控，普遍采用监控质检点（H、W点）的做法，其中H点（hold point）为不可逾越的停工待检点，W点（witness point）为见证点。

设备定修要求使设备的可靠性和经济性得到最佳的配合，设备定修除了使设备消除劣化、恢复性能以外，还要兼顾经济方面的要求，一般说来应考虑下列问题：

① 通过点检管理和状态诊断，在掌握主设备准确状态的基础上，合理延长主设备检修间隔（改变年修模型），是设备点检定修追求的主要目标。

② 通过点检管理在掌握设备状态的基础上尽量减少过维修项目。

③ 年度检修中更换下来的可恢复使用的部件的修复。

④ 改进工艺和作业标准，降低原材料、备品配件、能源的过度消耗。

⑤ 合理安排人力资源，使日常修理和定期修理的负荷均衡化。

⑥ 减少和降低设备定修在备品配件、原材料、能源库存上的资金占用。

4.4.7 定修分类

实行点检定修制的电厂，其检修按其分类的依据不同，有两种分类方法。

(1) 按检修时间的长短分类

① 年度检修（简称年修）。年修是指检修周期较长（一般在一年以上）、检修日期较长（一般为几十天）的停机检修。

② 点检基础上的检修（简称定修）。对主要生产流程中的设备，按点检结果或轮换检修的计划安排所进行的检修称为定修。定修一般用于不影响连续生产系统停用或出力降低的附属设备和系统上，其检修时间也较短（一般从几天到十几天），检修内容包括更换备品配件、解体进行定期精密点检、定期维护、预防性检查和测试、技术诊断和技术监督的需要所安排的解体检修、较大的缺陷转为定修项目等。

定修项目一般在月度计划中安排，如果定修出现在影响连续生产系统中的主要设备上，产生了停机或严重影响了系统出力，则需要征得电网调度的同意。

③ 平日小修理（一般称为日修）。日修是对设备进行小修理的项目，不需要征得电网调度同意，也不会影响发电生产系统的运行方式，这种修理项目有的是月度计划中已列入的项目，它的计划一般以周计划的形式下达，它的检修内容包括：定期维护项目（如加油脂、定期清洗等）、需要检修人员配合的定期点检、需检修人员配合的定期试验、备品配件修复、小缺陷处理等。

(2) 按检修性质分类 在日常发电检修管理中，按检修性质不同而有不同的提法，目前我国电力行业的一些习惯称谓有如下几种。

① 定期检修（TBM）。定期检修是一种以时间为基础的预防性检修，根据设备磨损和老化的统计规律，事先确定检修等级、检修间隔、检修项目、需用的备件及材料等的检修方式。

② 改进性检修（PAM）。改进性检修是指对设备先天性缺陷或频发故障，按照当前设备技术水平和发展趋势进行改造，从根本上消除设备缺陷，以提高设备的技术性能和可用率，并结合检修过程实施的检修方式。

③ 状态检修（CBM）。状态检修是指根据状态监测和诊断技术提供的设备状态信息，评估设备的状况，在故障发生前进行检修的方式。

④ 故障检修（RTF）。故障检修是指设备在发生故障或失效时进行的非计划检修。

⑤ 节日检修。在不影响电网调度和事故备用的前提下，经电网经营企业批准，发电企业利用节假日时间进行设备的 D 级检修。

4.4.8 发电厂主设备的年修模型

发电厂的主设备（发电机组）和与其相关联的一些主要附属设备要求其在发电生产系统中，处于绝对可靠的地位。这些设备的停运，均会导致整个生产系统的停运或减少出力。因此，对这些设备的检修就提出了严格的要求，主要有以下两点。

(1) 尽量减少检修次数　使主设备减少检修次数的途径，一是提高发电主设备本身的设计水平，延长一些易损零部件的寿命周期；二是加强对这些设备的日常维护和正确操作。

目前世界上多数发达国家均采用每年安排一次的停机检修。我国目前发电设备的检修，追求的目标也为每年一次。

(2) 缩短检修时间和减少检修项目　缩短检修时间和减少检修项目是相辅相成的，这项任务的达到要依赖于加强精密点检和技术诊断。

我国改革开放以来，大容量机组的比例迅速增加，发电设备制造水平也快速提升，上述两点要求也逐步向世界上发达国家靠拢，使非计划停运大幅减少。实行点检定修制较早的上海宝钢自备电厂和浙江北仑电厂曾多次创造了全年无检修的业绩，全年仅一次年修的机组更是普遍存在。

为了使发电机组的年度检修有一个规范，点检定修管理明确了对每台发电设备必须有一个各种不同等级的年修循环周期的排列组合，称为年修模型。

我国行业标准规定发电机组检修分为 A、B、C、D 四个等级：A 级检修时间最长，相当过去的大修，检修使用时间 32～80 天。B 级检修时间比 A 级短，相当于中修，检修使用时间 14～50 天。C 级检修时间比 B 级短，相当于小修，检修使用时间 9～30 天。D 级检修时间最短，一般为 1 周左右，检修使用时间 5～15 天。

表 4-8 是年修模型为“A-C-C-B-C-C-A”的机组年修项目安排表。

表 4-8　参加年修的设备检修项目表

序号	项目名称	设备编号	安排检修的年度(根据年修模型)					
			第 1 年 A 级	第 2 年 C 级	第 3 年 C 级	第 4 年 B 级	第 5 年 C 级	第 6 年 C 级
1	××××		√	√	√	√	√	√
2	××××		√		√		√	
3	××××		√			√		
4	××××		√			√		
5	××××		√	√	√	√	√	√
6	××××		√				√	

由表 4-8 可以看出，对于不同的检修项目参加检修的年份和等级不尽相同，有的每年都要检修，有的则只有大修年份才安排检修。

第5章 火电厂运行指标管理与经济运行

5.1 火电厂综合性技术经济指标

5.1.1 煤耗率

火力发电厂的煤耗率可分为：实际煤耗率和标准煤耗率；还可分为：发电煤耗率和供电煤耗率。进行技术经济性比较时，通常用标准煤耗率。

发电标准煤耗率是指火力发电厂每生产1kW·h电能所消耗的标准煤量，单位：g/(kW·h)。

供电标准煤耗率是指火力发电厂向厂外每供出1kW·h电能所消耗的标准煤量，单位：g/(kW·h)。

与发电标准煤耗率相比，供电标准煤耗率不仅反映了生产单位电能的煤耗，而且还反映了电耗，可以全面综合反映火力发电厂生产单位产品的能源消耗水平，可更好地体现生产过程的经济性，所以是对火力发电厂考核的最重要技术经济指标。由于不同电厂的机组容量、类型、所处自然环境、系统结构及运行方式、燃用煤种等不尽相同，所以供电标准煤耗率差别很大，无法按同一标准进行考核。为此，原国家电力公司在有关考核办法中引入了供电煤耗考核基础值的概念，对于不同类型机组采用不同的考核标准，见表5-1。

降低供电煤耗率的主要措施主要包括：

① 根据原电力工业部《火力发电厂按入炉煤量正平衡计算发供电煤耗的方法（试行）》规定正确计算供电煤耗率，火力发电厂煤耗计算以正平衡为主，反

平衡计算校核。

表 5-1　凝汽式机组的供电煤耗考核基础值

机组参数	机组容量/MW	生产国别	供电煤耗考核基础值/[g/(kW·h)]	
			一流值	达标值
超临界	600	进口	305	310
亚临界	600	进口	320	325
亚临界	600(500)	国产	330	340
亚临界(超临界)	350(300)	进口	321	325
亚临界	320(300)	进口	330	333
亚临界	300	上汽四排汽	351	355
亚临界	300	国产	338	340
亚临界	300	国产引进型	336	340
亚临界	250	进口	337	340
亚临界	200(210)	进口	361	363
超高压	200	国产	363	372
超高压	125	进口	361	364
超高压	125(110)	国产	365	368
高压	100(110)	进口	387	395
高压	100	国产	392	398

② 在目前电网峰谷差大，调峰幅度大的运行方式下，主要辅机存在大马拉小车的现象，不但运行非常不经济，而且大功率电机的频繁启动对设备的寿命影响也较大。因此，应加大送风机、吸风机等动力设备的变速改造。

③ 采用先进的设计技术和加工工艺、采用先进的附属设备和部件，对汽轮机通流部分进行改造，可以提高机组容量和缸效率，从而大幅度地降低发电煤耗。

④ 采用大容量高参数的火电机组，不仅有利于提高锅炉效率，而且能够大大减少大气污染。

⑤ 采用先进的煤粉燃烧技术。煤粉燃烧稳定技术可以使锅炉适应不同的煤种，特别是燃用劣质煤和低挥发分煤，而且能提高锅炉燃烧效率，实现低负荷稳燃，防止结渣，并节约点火用油。

⑥ 重视耗差分析，采用先进的运行在线能耗分析技术和系统，实现机组优化管理，提高机组运行经济性。

⑦ 开展经济调度，有针对性地指导各机组的经济运行工作。依据最近试验制订各机组的等微增调度曲线，按电网调度要求和等微增原则，确定本厂和机组

微增调度方案，进行电、热负荷的合理分配，使机组在相应负荷的高效区运行。

⑧ 积极开展技术交流和竞赛活动，要正确理解小指标竞赛，制定科学完善的小指标竞赛考核办法。有些运行人员为了小指标竞赛，夏天少开循环水泵和真空泵，表面上看节省了厂用电，但机组实际热耗却上升，造成了发电煤耗上升。

⑨ 严格控制真空系统严密性，使汽轮机凝汽器真空保持在最佳值。

⑩ 合理控制煤粉细度，降低飞灰和炉渣含碳量，提高锅炉热效率。

⑪ 认真抓好煤质监督工作，按规程对煤样进行工业分析，化验人员应及时将化验结果提供给运行和管理部门，以便于运行人员掌握和控制煤炭质量，从而指导各机组的经济燃烧。有条件的电厂要安装煤质在线分析设备，进行煤质实时分析，并根据煤质来上煤，保证上到煤仓的煤是已知分析结果的煤，并将煤质分析报告提前交到运行人员的手里，使运行人员能够及时进行燃烧调整，提高燃烧的安全性和经济性。

⑫ 做好贮煤场的管理，合理分类堆放，减少煤场储存损失。对贮存烟煤等高挥发分煤种的贮煤场，要定期测温，采取措施，防止自燃和煤的发热量损失。煤炭在煤场堆放时间较长时，要堆放整齐、压实，并做好防风吹、防雨水冲的措施，特别是在雨季煤场要留有足够的雨水通道，以减少场损。每月对煤场认真盘点。

⑬ 由于煤炭市场逐步放开，许多电厂的煤源、煤种不稳定，诸多煤炭指标严重偏离设计煤种，给锅炉安全经济运行带来了较大的影响，因此应通过完善燃料采购、配煤掺烧的管理，努力克服当前煤炭市场的不利因素，尽量提高入炉煤的质量，确保锅炉燃烧最大限度地接近设计工况。凡燃烧单一煤种的电厂，要实行配煤责任制，每天根据不同煤种和锅炉设备特性，研究确定掺烧方式和掺烧配比，并通知有关岗位执行。

5.1.2 厂用电率

厂用电量是指发电厂的辅机为主机发电提供服务而消耗的电量，单位：kW·h。

厂用电率是指在计算期内发电厂为发电耗用的厂用电量与发电量的百分比，单位：%。厂用电率的高低与发电厂辅机设备的多少、种类、性能以及负荷率、燃料特性、环境情况等因素有关。

在其他条件一定的情况下，机组负荷率越低，厂用电率越高。统计资料表明，大型机组负荷率每变化1%，厂用电量变约0.0281%。对于引进型300MW机组，在70%以上负荷时，负荷率每增加1%，厂用电量减少约0.023%；在60%～70%负荷范围内，负荷率每减少1%，厂用电量则增加约0.05%。

厂用电率虽然不影响发电煤耗，但直接影响供电煤耗率的高低。厂用电率越小，则供电煤耗率越低。厂用电率每降低1%，供电煤耗率将降低标煤3.5～4.0g/(kW·h)。

降低厂用电率的主要措施有：

① 制订节约用电的规划、用电管理制度和奖惩办法，确定目标，落实责任制，加强监督和考核，避免不必要的浪费。

② 开展节约用电的技术革新，积极推广节电新技术。积极采用高效省电设备（如采用变频水泵和风机等），加速淘汰高耗电设备。

③ 定期进行电能平衡测试，对厂用电率及其影响因素进行分析，查找存在的问题，制订整改措施，并考核落实，使厂用电率达到合理值。

④ 通过性能测试了解主要辅机的运行状况，对运行效率较低的风机、水泵，要根据其形式、与系统匹配情况和机组负荷调节情况等，采取改造或更换叶轮、导流部件及密封装置等方式，使其成为高效水泵和风机。

⑤ 进行有针对性的技术改造，杜绝“大马拉小车”的不合理现象。采用液力偶合器和双速电机，积极推广变频调速改造，降低风机、水泵在低负荷下的电耗，提高其运行效率。实践证明高压变频调速可节电约 30%～50%。

⑥ 减少空气预热器漏风率和炉膛漏风，降低送风机单耗和引风机单耗。

⑦ 优化制粉系统，做好制粉系统的维护工作，适当调整磨煤机的通风量和钢球装载量，使其在最佳装载量下运行，降低制粉单耗。

⑧ 在煤质多变的情况下，注重磨煤机运行方式调整试验，必要时对制粉系统的关键部件进行技术改造，充分发挥磨煤机的潜力，降低制粉单耗。

⑨ 通过试验编制主要辅机运行特性曲线，在运行中特别是低负荷运行时，对辅机进行经济调度，降低水泵和风机的电耗。如：在循环水母管制系统中，确定循环水泵的运行台数及各台机组循环水流量的经济分配。

5.2 锅炉专业小指标

锅炉专业的小指标主要包括：热效率、过热汽温、过热汽压、再热汽温、排污率、炉烟含氧量、排烟温度、锅炉漏风率、飞灰和灰渣含碳量、煤粉细度合格率、制粉耗电率、风机耗电率、除灰耗电率、点火助燃用油等。

5.2.1 锅炉热效率

锅炉热效率（正平衡）是指锅炉输出热量占输入热量的百分比。单位：%。锅炉热效率对机组热耗率影响较大，例如引进型 300MW 机组，锅炉效率每提高 1%，热耗率将减少 1.24%。

提高锅炉效率应着重抓好以下几个方面：

① 加强吹灰管理，保持受热面清洁。灰垢的热导率约为钢板热导率的 1/450～1/750，热阻很大。当锅炉受热面上的积灰厚 1mm 时，锅炉热效率将会

降低4%～5%。因此必须及时对锅炉受热面吹灰，以提高锅炉效率。

② 合理控制煤粉细度，降低飞灰含碳量。

③ 减少炉膛、烟道漏风。炉膛及烟道漏风均会导致锅炉效率降低。对于煤粉炉，炉膛漏风系数每增加0.1，锅炉效率降低0.4%。

④ 合理控制氧量。过剩空气系数越大，则排烟量越大，排烟损失越大。如果过剩空气系数过小，将会引起氧气供应不足，会造成化学不完全燃烧热损失增加。实际排烟氧量应在（最佳氧量±0.5%）范围内。

⑤ 加强保温是减少散热损失的有效措施。锅炉炉墙和热力管道的温度总是比环境温度高，所以部分热量就要通过辐射和对流的方式散发到周围空气中去，造成锅炉的散热损失。因此，应注意对阀门法兰等处的保温工作，有脱落和松动的保温层应及时修补。

⑥ 通过进行锅炉燃烧调整试验，确定锅炉的最佳运行工况。

⑦ 通过实现煤、风、负荷的自动协调控制，或根据负荷变化及时进行必要的工况调整，实现燃烧过程的最优化。

⑧ 控制入炉煤湿度。煤的含水量过大，不但要降低炉膛温度，影响燃烧，而且还会造成排烟热损失的增加。燃料含水量每增加1%，热效率便要降低0.1%。

⑨ 严格控制汽水品质。如果锅炉汽水品质较差，会使锅炉受热面的金属内壁造成腐蚀和结垢现象。受热面结垢将导致热阻增大，影响传热，降低锅炉热效率。水垢的热导率约为钢板热导率的1/30～1/50，如果受热面上结1mm厚水垢，锅炉燃料消耗量要增加2%～3%。

⑩ 防止漏水冒汽。锅炉上的法兰、阀门等处容易出现漏水、冒汽现象，导致工质损失和热量损失。

⑪ 提高入炉空气温度。保障空气预热器的正常运行，可以提高入炉空气温度，有利于缩短煤的干燥时间，促进挥发分尽快挥发燃烧，并可提高炉膛温度，加强辐射传热。一般情况下，入炉空气温度增加50℃，可使理论燃烧温度增高15～20℃，节约燃料2%～3%。

5.2.2 锅炉主蒸汽压力

锅炉主蒸汽压力是指锅炉末级过热器出口的蒸汽压力值，单位：MPa。锅炉主蒸汽压力是决定火电厂运行热经济性的最主要参数之一。机组运行时，在高负荷工况下，锅炉应以汽轮机主汽门前的蒸汽压力达到设计的额定值为准；在低负荷工况下，可根据汽轮机滑压运行需要而定。

锅炉主蒸汽压力波动过大将直接影响锅炉和汽轮机运行的安全性和经济性。主蒸汽压力下降将使蒸汽的作功能力降低，当外界负荷不变时，汽耗量必然增大，随之煤耗将相应增加。有资料表明主蒸汽压力较额定值低1MPa时，机组热耗将增加0.6%左右。同时，由于汽轮机的轴向推力增加，容易造成推力轴承过载，发生轴瓦烧坏事故。

主蒸汽压力过高，将使锅炉、汽轮机、主蒸汽管道的机械应力加大，危及其安全。当安全门发生故障不能及时起阀时，可能导致发生爆破事故。如果安全门经常动作，不但会因为高温高压汽体大量排放而造成工质和热量损失，还容易引起阀门关不严，造成经常性的泄漏损失。

机组运行时，锅炉主蒸汽压力的调整，就是在满足外界电负荷需要的同时，始终保持锅炉蒸发量与汽轮机汽耗量之间的平衡。为了保证机组的安全经济运行，锅炉可在高负荷运行时采用定压运行方式，低负荷时采用滑压运行方式，当负荷低到规定值时改为定压运行，即采用定-滑-定的复合运行方式。

对于汽包锅炉，主蒸汽压力的调节是通过调节燃烧（改变燃料量）来达到的。对于直流锅炉，主蒸汽压力的调节主要是通过改变给水量实现的。在给水量不变的情况下，燃烧的调整只对汽温改变起作用，而无法实现对压力的改变（当然在燃烧调整时会短暂影响汽压，很快会恢复原压力状态）。

5.2.3 锅炉主蒸汽温度

锅炉主蒸汽温度是指锅炉末级过热器出口的蒸汽温度值，单位：℃。锅炉主蒸汽温度也是决定火电厂运行热经济性的最主要参数之一，对机组运行的安全和经济性影响较大。

主蒸汽温度过高，会使工作在高温区的金属材料强度下降，缩短锅炉、主蒸汽管道和汽轮机的使用寿命。当严重超温运行时，有可能引起过热器爆管。

主蒸汽温度低于额定值时，蒸汽作功能力将下降，使汽轮机的汽耗、热耗增加，从而使机组的热经济性降低。对于超高压以上机组的主蒸汽温度每降低10℃，机组热耗将增加0.3%。主蒸汽温度过低，将导致汽轮机末几级蒸汽湿度增加，不仅降低汽轮机的内效率，还会加剧对叶片的冲蚀作用，降低叶片的使用寿命，甚至发生水冲击。当主蒸汽温度降低过快时，会使汽轮机的部件冷却不均，引起摩擦和振动。如果主汽温度突降达50℃，必须打闸停机。

机组运行时，在任何负荷工况下，锅炉应以汽轮机高压主汽门前的蒸汽温度达到设计的额定值为准，允许波动范围通常为额定温度±5℃。

对于汽包锅炉，主蒸汽温度调节以蒸汽侧为主，也可以采用烟气侧与蒸汽侧联合调节方式。对于直流锅炉，主蒸汽温度调节比较复杂。在湿态工况下，其调节方式与强制循环汽包炉是基本相同。在干态工况下，汽温调节的主要方式是调节燃料量与给水量之比，辅助手段是喷水减温或烟气侧调节。

5.2.4 锅炉再热蒸汽压力

锅炉再热蒸汽压力是指锅炉末级再热器出口的蒸汽压力值，单位：MPa。再热蒸汽压力是随机组负荷变化而变化的一个参数，机组负荷增加其数值相应增加。

再热蒸汽由汽轮机的高压缸排出，经再热蒸汽冷段管道进入再热器，然后经过再热蒸汽热段管道进入中压缸。再热蒸汽在流动过程会产生压力损失，称之为再热蒸汽压损。正常运行时，再热蒸汽压力随机组负荷（高压缸蒸汽流量）的变化而变化，再热蒸汽压损也随高压缸蒸汽流量的变化而不同。再热蒸汽压损的大小对机组热经济性的影响较大，每增加1%，机组热耗将增加0.1%～0.15%。

如果再热器压损不正常地升高，将导致机组热经济降低，应及时查明原因予以处理。

5.2.5　锅炉再热蒸汽温度

锅炉再热蒸汽温度是指锅炉末级再热器出口的再热蒸汽温度值，单位:℃。锅炉再热蒸汽温度也是决定火电厂运行热经济性的最主要参数之一，与主蒸汽温度一样对机组运行的安全和经济性有较大影响。再热蒸汽温度每降低10℃，机组热耗将增加0.25%。

机组运行时，在任何负荷工况下，锅炉应以汽轮机中压主汽门前的再热蒸汽温度达到设计的额定值为准。

再热蒸汽温度调节主要采用烟气侧调节，尽量不用喷水减温。因为喷水减温会增加中、低压缸蒸汽流量，从而降低机组的热经济性。

5.2.6　锅炉排烟温度

排烟温度是指锅炉末级受热面（一般指空气预热器）后的烟气温度，单位:℃。对于锅炉末级受热面出口有两个或两个以上烟道，排烟温度应取各烟道烟气温度的算术平均值。

排烟温度越低，排烟损失越小，但是在设计中要降低排烟温度必须增加锅炉尾部受热面，这就需要增加投资和金属消耗量。如果排烟温度过低，达到烟气露点温度，则烟气中的硫酸蒸汽会凝结在空气预热器的壁面上，形成低温腐蚀。燃用含硫量多的燃料时，这种低温腐蚀更加剧烈，排烟温度的高低应通过技术经济比较来确定，对于大容量的锅炉，排烟温度一般要在110～160℃之间。

考核排烟温度应以现场检查或测试报告为准。考核期内最大负荷时，排烟温度平均值不应大于1.05倍的设计值。

排烟温度升高会使排烟热损失增大。排烟温度每升高1℃，将使锅炉效率降低0.05%～0.06%。因此应及时对空气预热器及受热面吹灰，防止受热面结渣和积灰。实践证明次声波吹灰和气脉冲吹灰器的吹灰效果不如采用蒸汽吹灰器。

排烟温度高低与锅炉的负荷、煤质、燃烧工况、漏风量、尾部受热面积灰、给水温度、送风温度、炉膛出口过量空气系数、尾部受热面面积和运行操作等因素有关，它们之间既相互联系，又单独作用。分析如下：

① 煤质。煤的低位发热量越低，收到基水分含量越大，排烟温度越高。灰分增加，硫分增加，都会使尾部受热面积灰加重，使传热减弱，从而使排烟温度升高。

② 漏风。漏风包括炉膛漏风、制粉系统漏风和烟道漏风。在炉膛出口过量空气系数一定的情况下，炉膛漏风、制粉系统漏风由于不经过空气预热器直接进入炉膛，导致进入空气预热器空气量减少，流速降低，传热系数和传热量下降，最终导致排烟温度升高。计算表明：炉膛漏风和制粉系统漏风总系数与排烟温度近似成线性关系，一般漏风总系数每增加 0.01，排烟温度就会升高 1.3℃左右。

③ 受热面积灰。受热面积灰使烟气与受热面之间的传热热阻增加，传热系数降低，烟气放热量减少，排烟温度升高。

空气预热器堵灰，一方面使预热器的有效传热面积减少，另一方面使堵灰处的烟气速度降低，而其他处的烟气速度迅速提高，二者都将使烟气的放热量减少，排烟温度升高。实践表明，受热面积灰可影响排烟温度 10℃左右。

④ 给水温度。机组负荷的变化或高压加热器的投、停，会引起给水温度的明显变化。给水温度的变化会影响省煤器的传热量，最终影响到排烟温度。在设计给水温度±20℃范围内，给水温度每升高 1℃，排烟温度将升高 0.31℃左右。

⑤ 炉膛出口过量空气系数。炉膛出口过量空气系数增加具有两方面的作用：一方面使通过空气预热器的空气量增加，从而增加其传热量，降低排烟温度；另一方面使流过对流受热面的烟气量增加，导致排烟温度升高。两者作用总的结果使排烟温度稍微升高一些。实践证明炉膛出口过量空气系数在正常范围内变动，对排烟温度影响不明显。经计算，炉膛出口过量空气系数每增加 0.1，排烟温度升高 1℃左右。

⑥ 省煤器受热面面积。锅炉尾部受热面积不足，排烟温度就会超过设计值。在实际应用中，经常会出现省煤器受热面不足、排烟温度过高的问题。

5.2.7　锅炉氧量

锅炉氧量是指锅炉运行时烟气中氧的容积含量百分比，单位：%。一般情况下，采用锅炉省煤器（对于存在多个省煤器的锅炉，采用高温省煤器）后或炉膛出口的氧量仪表指示值。对于锅炉省煤器出口有两个或两个以上烟道，锅炉氧量应取各烟道烟气氧量的算术平均值。

炉膛出口的氧量是表征锅炉的配风、燃烧状况的重要因素。因炉膛出口处烟气温度较高，锅炉运行中监测的氧量测点一般不设在炉膛出口，而是设在锅炉省煤器后。锅炉氧量分为锅炉烟气氧量和炉膛出口氧量。

要注意锅炉氧量与炉膛出口氧量之间的换算关系。任何大型锅炉都装有氧量表，并根据其指示值来控制送入炉内的空气量。在控制氧量时必须明确氧量表在锅炉烟道的安装地点，因为在炉内相同送风量的情况下，氧量值沿烟气流动方向是变化的。通常认为煤粉的燃烧过程在炉膛出口就已经结束。因此，真正需要控制的氧量值应该是相应于炉膛出口的，但由于那里的烟温太高，氧化锆氧量计无法正常工作，所以大型锅炉的氧量测点一般安装于低温过热器出口或省煤器出口的烟道内。由于烟道漏风，这里的氧量与炉膛出口的氧量有一个偏差。以安装于省煤器出口的情况为例，应按以下公式进行修正：

$$\alpha=\alpha_{sc}-\sum\Delta\alpha \tag{5-1}$$

式中 α——炉膛出口过量空气系数；

α_{sc}——省煤器出口过量空气系数；

$\sum\Delta\alpha$——炉膛出口至省煤器出口烟道各漏风系数之和。

【例】 某300MW锅炉炉膛出口的最佳过量空气系数 $\alpha_{zj}=1.2$，过热器、再热器、省煤器的漏风系数分别为0.02，则由上式得，在氧量测点处应控制的氧量为：

$$O_{2,sc}=\frac{21(1.2+0.02\times3-1)}{1.2+0.02\times3}=4.3\%$$

而在炉膛出口处应控制的氧量为：

$$O_{2,lc}=\frac{21(1.2-1)}{1.2}=3.5\%$$

所以在正常漏风情况下，氧量表的数值应控制为4.3%而不是3.5%。此例说明，氧量表的控制值与炉膛出口至氧量表测点的烟道漏风状况有关。运行监督氧量值时，必须保证锅炉的漏风工况正常。否则，当烟道漏风增加时，控制的氧量值也应增大。

氧量表指示不准的问题比较普遍，一是疏于校验，二是氧量表的测点不具有代表性（一般每侧选取1到2点），三是氧量表附近有漏风点。

如果氧量表指示不准，运行人员就无法进行适当的燃烧调整，降低了锅炉效率。因此应定期对氧量表进行校验，减少氧量测点处的漏风，提高氧量显示的准确性。

炉膛出口氧量每变化1%（偏离最佳氧量），超高压以上锅炉的热效率要降低0.35%左右，发电煤耗要上升1.39g/(kW·h)左右。例如某电厂锅炉最佳氧量为5%，当锅炉出口氧量为6.1%时，锅炉效率降低0.37%。

对于一般固态排渣煤粉炉，其炉膛最佳氧量（最佳过量空气系数所对应的氧量）应在3.5～4.2范围内。

表5-2列出了某些300MW级及以上的锅炉运行氧量值的控制范围。表中数据表明，所有锅炉在低负荷下运行时，氧量维持的都较高。这是因为首先最佳过量空气系数随负荷降低而升高，其次在低负荷时，炉膛内温度低、扰动差，需要大风量以维持炉内空气动力场，从而保证燃烧稳定等。

表 5-2　某些 300MW 级及以上的锅炉运行氧量值的控制范围　　%

锅炉等级	锅炉负荷率			
	100%	80%	60%	50%
660MW	3.5	3.5	4.2	5.4
600MW	3.6	4.0	5.0	6.8
500MW	4.6	5.4	7.0	
300MW	4.3	5.8	6.4	6.9

5.2.8　空气预热器漏风率

空气预热器漏风率是指漏入空气预热器烟气侧的空气质量流量与进入空气预热器的烟气质量流量之比，单位：%。

空气预热器漏风的主要危害是：空气预热器漏风将使部分空气直接进入烟道，导致排烟量增加，使引风机的电耗增大。当漏风量过大超过了送风机的负荷能力时，会造成燃烧风量不足，以致被迫降低锅炉负荷，直接影响锅炉的安全经济运行。

解决空气预热器漏风的措施主要有：

① 采用特殊管材的管式空气预热器或热管式空气预热器。这些空气预热器虽然漏风率很低，但是由于使用寿命短，不宜安装，且器内积灰清除困难，因此在大容量电站锅炉上受到限制。

② 对于回转式空气预热器，当前我国降低漏风方法主要有两种：一是采用英国豪顿技术，增加径向、轴向密封；二是设置自动跟踪调整密封系统。

5.2.9　飞灰（炉渣）含碳量

飞灰（炉渣）含碳量是指飞灰（炉渣）中碳的质量百分比，单位：%。对于有飞灰含碳量在线测量装置的系统，飞灰含碳量为在线测量装置分析结果的算术平均值；对于没有在线测量装置的系统，应对统计期内的每班飞灰含碳量数值取算术平均值。

飞灰含碳量和炉渣含碳量决定了机械不完全燃烧热损失，但是对于煤粉锅炉由于炉渣的数量很小，不足总灰量的10%，所以炉渣含碳量对锅炉效率影响很小。

飞灰（炉渣）含碳量除与燃料性质有关外，还与煤粉细度、煤粉均匀性、过量空气系数、炉膛温度、风粉混合程度等因素有关。

监督检查时以测试报告或现场检查为准，煤粉炉的飞灰含碳量一般控制在4%以下；流化床锅炉的飞灰含碳量一般控制在7%以下。飞灰含碳量每降低1%，锅炉效率约提高0.31%。

导致飞灰含碳量增加的原因有：

① 锅炉设计不合理。如，燃用贫煤的锅炉切圆小，而设计炉膛热负荷过低，炉膛断面尺寸过大，则导致燃烧强度不够。并且会因切圆小造成炉膛火焰充满度不好，最终会引起燃烧不完全，引起飞灰含碳量含量升高。

② 燃烧器布置不合理。如，燃用挥发分低的贫煤时，由于着火比较困难，为强化着火，燃烧器一般采用集中布置。如果燃烧器分上、下两大组布置，则因为上下燃烧器距离太大不利于集中燃烧，容易出现燃烧不稳和燃烧不完全。

③ 煤粉过粗。煤粉越粗，越不容易实现彻底燃烧。

④ 运行调整不当。如，二次风速过高或过低都会使一、二次风混合不良，影响燃烧。

⑤ 煤质变化。煤种变化，煤质也随着变化，如果运行人员的燃烧调整不及时，很容易造成飞灰含碳量升高。特别是挥发分影响最大，煤的挥发分含量越低，飞灰含碳量则可能会越高。

降低飞灰含碳量的措施：

① 安装高质量的飞灰含碳量在线监测装置和煤质在线监测装置，可以使运行人员根据煤质和飞灰含碳量大小及时调整一、二次风的大小和比例。

② 调整煤粉细度到合理范围。

③ 对于挥发分低的煤种，在制粉时要尽可能磨得细一些，并采用较高的燃烧温度，以利于煤粉的燃尽。

5.2.10 锅炉排污率

锅炉排污率是指锅炉运行中排污量与锅炉实际蒸发量的百分比，单位：%。如果有锅炉排污计量装置的可以直接测量。如果不能直接测量的可以通过锅水盐分平衡关系算出。锅水盐分平衡是指给水带入锅炉的盐分质量，应等于蒸汽带出的盐分质量与随同排污水排走的盐分质量之和。

汽包锅炉排污分定期排污和连续排污。连续排污管的入口设在汽包蒸发水面之下，沿汽包全长布置。通过连续排污可以不间断地放掉一部分含盐浓度较高的锅水，从而有利于保证蒸汽品质。定期排污入口设在沉淀水渣较多的锅炉最低部位，大多从水冷壁下联箱排放，每间隔一定时间排放一次，主要是放掉锅水沉淀下来的水渣。定期排污间隔时间长，排放水量少，一般只占锅炉蒸发量的0.1%～0.5%。

提高排污率可有效提高蒸汽品质，但同时会导致热损失增加。每增加1%的排污量，约使热耗率升高0.35%～0.4%。排污率控制水平为：以化学除盐水为补给水的凝汽式发电厂不大于1.0%，以化学软化水为补给水的凝汽式发电厂不大于2.0%，以化学除盐水或蒸馏水为补给水的热电厂不大于2.0%，以化学软化水为补给水的热电厂不大于5.0%，并均不应小于0.3%。

锅炉连续排污，是为了保证锅水中总溶解固形物不超过允许水平，以防设备结垢或损坏。为减少过量的排污损失，必须加强锅炉排污的监督工作，减少排污率。可通过连续测定总溶解固形物浓度水平来自动调节排污量。

5.2.11　煤粉细度及煤粉细度合格率

煤粉细度是指将煤粉用标准筛筛分后留在筛上的剩余煤粉质量占所筛分的总煤粉质量百分比，单位是：%。

煤粉越细，单位质量的煤粉表面积越大，加热升温、挥发分的析出速度越快，着火及燃烧反应的速度也就越快，从而使着火容易，燃尽所需时间短，机械未完全燃烧热损失降低，锅炉效率增加。反之较粗的煤粉虽可使磨煤机电耗减少，但是不可避免地会使炉内机械未完全燃烧热损失增大。随着煤粉细度的增加，机械未完全燃烧热损失逐渐增加，而磨煤机电耗则逐渐减少。所以磨煤时应选用一个合适的细度，即最佳煤粉细度。

煤粉细度的控制原则是：在不引起着火不稳，大渣与飞灰可燃物不明显升高，也没有过、再热器超温的情况下，R_{90}可适当的放大；通常情况下，采用钢球磨的R_{90}不要低于6%，采用中速磨煤机的R_{90}不要低于10%。

煤粉细度合格率是指煤粉细度合格次数占全部取样次数的百分比，单位：%。合格煤粉细度是指实际煤粉细度在最佳煤粉细度±5%范围内。

影响煤粉细度的因素很多，主要包括：

① 燃料的燃烧特性。挥发分高、发热量高的燃料一般容易燃烧，煤粉可粗一些；燃用挥发分低的煤，为了有利于着火和燃尽，煤粉应磨得细一些。

② 磨煤机和分离器的性能。性能好的磨煤机和分离器可使成粉的均匀性好，即使煤粉粗一些也能燃烧的比较完全。

③ 燃烧方式。对于燃烧热负荷很高的锅炉，如液态排渣炉、旋风炉，煤粉可适当粗一些。

④ 锅炉负荷。在锅炉低负荷运行时，由于炉膛温度低，为了稳定燃烧工况，需要将煤粉磨得细一些；而在锅炉高负荷运行时，则煤粉可磨得粗一些。

煤粉细度的调节，可以通过改变通风量或粗粉分离器（针对低速磨）挡板开度来调节。减少磨煤机通风量，可以使煤粉变细。反之，煤粉变粗。当增大磨煤机通风量时，应适当关小粗粉分离器折向挡板开度，以防止煤粉过粗。开大粗粉分离器折向挡板开度，或提高粗粉分离器出口套筒位置，可使煤粉变粗，反之变细。关小折向挡板开度及降低出口套筒位置后，粗粉分离器的回粉量增多，因此应适当减小给煤量。

5.2.12　锅炉最低不投油稳燃负荷率

锅炉最低不投油稳燃负荷率是指在设计煤种和合同规定条件下，锅炉不投油助燃的最低稳定燃烧负荷与锅炉最大连续负荷（BMCR）之比，简称最低稳燃负荷率，以 BMLR（boiler minimum stable load rate）表示。

每台煤粉炉有可能具有三个不同定义的最低不投油稳燃负荷率数值：

① 设计保证值：锅炉制造厂保证的数值；

② 试验值：在设计煤种及正常工况条件下经持续 4～6h 稳定运行（无局部灭火及炉膛负压大幅度波动现象），试验可达到的最低数值；

③ 可供调度值：考虑到日常入炉煤质波动及设备状态和控制水平、火焰检测系统的可靠性等条件后，由业主规定的调度用可控负荷的实际运行数值。

锅炉最低不投油稳燃负荷率越低，越有利于节省助燃用油，具体措施有：

① 采用成熟、可靠的新型燃烧器及其他稳燃技术（如浓淡型燃烧器、钝体燃烧器等），或对锅炉燃烧器等部件进行改造，提高锅炉在低负荷下的稳燃能力，减少助燃用油。力争使锅炉的稳燃性能分别达到以下指标：

a. 燃用烟煤锅炉的最低稳燃负荷率达到 40%～45%；

b. 燃用贫煤的锅炉最低稳燃负荷率达到 45%～50%；

c. 燃用无烟煤的锅炉最低稳燃负荷率达到 50%～55%；

d. 对特殊锅炉（如 UP 直流锅炉等），可根据具体情况确定其不投油最低稳燃负荷率；

e. 两台锅炉带一台汽轮机的单元，应根据实际，由上级主管部门、电网调度与电厂共同认定；

f. 供热机组正常运行的最低负荷以满足供热需要为主。

② 保证购进的燃煤煤质基本符合锅炉设计燃用煤种；燃用混合煤种时，配煤比例要恰当、均匀。

③ 多雨地区的燃煤电厂应备足一定数量的干煤，防止潮湿的原煤直接进入原煤仓，尤其是直吹式制粉系统。

5.2.13 点火用油量

锅炉点火多用重油或重柴油，采用专门的雾化器将燃油雾化后喷入炉内，再用电弧点燃形成燃烧火炬，作为引燃煤粉气流的火源。点火期间（自锅炉点火开始直到汽轮发电机组并列带额定负荷或规定负荷为止）所消耗的油量，叫做点火用油量。点火期间锅炉稳定燃烧之前的助燃用油，也统计在点火用油量之内。

冷态启动用油量是指机组停机检修或停机冷备用时再次启动用油量。热态启动用油量是指机组处于热备用状态时再次启动用油量。热态启动用油一般是冷态启动用油量的 40%左右。例如某厂 300MW 机组冷态启动用油量 65t，热态启动用油量 25t。

减少点火用油量的措施有：

① 逐步推行机组状态检修（是指根据先进的状态监测和诊断技术提供的设

备状态信息，判断设备的异常，预知设备的故障，在故障发生前进行检修的方式），以减少机组大、小修次数，节约机组点火、停炉用油。

② 应全面实施检修作业的标准化，提高机组检修质量，降低机组非计划停运和降出力。

③ 采用中压缸启动技术，缩短机组启动时间，提高调峰能力，也相应地减少了小机组启、停次数，有效地减少了机组启、停用油量。

④ 加强运行管理，积极采用有利于节油的机组启、停方式：

a. 有条件的机组冷态启动时，应投入锅炉底部蒸汽加热，以减少锅炉点火初期的用油。

b. 机组正常停止运行时，应尽量采用滑参数停机，以减少启、停用油量。

c. 充分利用机组的最大连续出力（MCR）和最低稳燃能力，探索深度调峰方案，减少机组启、停调峰次数，节约点火用油。

⑤ 各单位应根据实际情况，积极采用微油点火技术和无油点火技术对现有的点火燃油系统进行改造。

⑥ 积极鼓励开发、研制、推广新型的无油技术（如等离子点火技术等），并尽快推广使用。

案例 5

某 300MW 锅炉原使用机械雾化油枪点火，每次冷态点火用油约 130t，耗油居高不下。经改造后，采用等离子点火装置，用于启动、低负荷稳燃等。在炉热备用状态启动时，直接投入等离子点火燃烧系统，实现无油点火。在锅炉冷备用状态启动时，先采用油枪点火，达到投粉条件，启动等离子点火燃烧系统。停油枪改造后机组每次启动只需 6t 油即可，仅等离子点火燃烧系统节省的燃油费就达 180 万元，两年就可收回全部投资。

5.2.14 助燃用油量

在锅炉运行过程中，常常由于煤质、减负荷或其他原因造成燃烧不稳定，若处理不及时或处理不当就会进一步发展成锅炉灭火事故。燃烧不稳和灭火对锅炉经济性和安全性影响很大，有时还会造成人身伤亡或设备的严重损坏。因此当发现燃烧不稳时，应立即投入助燃油枪助燃，稳定燃烧并防止灭火。

助燃用油量是指锅炉设备带负荷运行中处于负荷过低或锅炉燃烧不稳定的状态时，为了维持锅炉稳定燃烧而使用的燃油量。一般来说，对于 1000MW 容量的机组，每年的点火用油和助燃用油量可以控制在 1500t 以内。

减少助燃用油量的主要措施是：

① 加强运行监督和现场看火，及时根据仪表指示的变化情况进行燃烧调整，以保证燃烧工况良好。

② 防止断煤粉、断风的现象发生，一旦发现应及时处理，防止扩大。

③ 注意煤种变化，做到随变随调，如果煤质明显变化要及时通知锅炉值班员和值长，并及时调整掺配煤的比例和煤种。

④ 吹灰、除焦一定要取得锅炉值班员的密切配合，并按运行规程进行操作。

⑤ 尽量减少锅炉结焦，以避免落焦等干扰造成锅炉灭火。

⑥ 保证风煤配合适当，以及一、二次风的风速比适当。

⑦ 对燃用劣质煤的锅炉，敷设稳燃带可以提高炉内温度水平，改善锅炉低负荷的稳燃条件。

⑧ 选择合适的燃烧器，如华中理工大学的钝体类燃烧器、引进美国技术的浓淡燃烧器、清华大学的煤粉浓缩预热型燃烧器，以提高稳燃能力。

⑨ 提高检修质量和运行操作水平，提高机组运行可靠性，降低机组非计划降出力次数。

⑩ 根据煤质情况，在满足带负荷的前提下尽量将煤粉磨细，一方面可以降低飞灰可燃物，提高锅炉效率；另一方面可增强炉内燃烧稳定性，减少助燃油消耗。

5.2.15 引（送）风机单耗、耗电率

引（送）风机单耗是指在计算期内锅炉生产单位蒸汽引（送）风机消耗的电量，单位：(kW・h)/t。引（送）风机耗电率是指统计期内引风机消耗的电量与机组发电量的百分比，单位：%。

引（送）风机耗电率与其效率、风门开度、风道阻力以及空气预热器漏风率有关。引（送）风机耗电率为全部厂用电的22%左右，单耗一般在3.0～5.0(kW・h)/t之间。降低引（送）风机耗电率的措施包括：

① 消除烟道和风道的漏风，尤其是空气预热器和除尘器的漏风不应超过表5-3中规定的数值。

表5-3 空气预热器和除尘器的漏风率允许最高值

空气预热器和除尘器类型		漏风率允许最高值/%
管式空气预热器		5
板式空气预热器		7
回转式空气预热器	蒸发量670t/h及以下	15
	蒸发量670t/h以上	10
电除尘器		5
旋风或湿式除尘器		5

② 及时清除省煤器、空气预热器受热面积灰。

③ 尽量减少风道、烟道上的挡板或闸门。

④ 使电动机容量尽量与风机相匹配，避免出现大马拉小车现象。采用高效电动机和变频电机。

⑤ 选用高效风机，当风机效率低于 75%时，应进行节能改造。

⑥ 通过试验，在机组低负荷时，实现单台送（引）风机运行，降低风机电耗。

5.2.16 磨煤机单耗、耗电率

磨煤机耗电率是指发电过程中磨煤机耗用的电量与相应机组发电量的比率，单位：%。与煤质、煤的可磨性系数、磨煤机运行经济性等有关。

通常磨煤机耗电采用磨煤机单耗来考核。磨煤机单耗是指计算期内制粉系统每磨制单位数量的煤粉磨煤机所耗用的电量，单位：(kW·h)/t。

降低磨煤机单耗的措施包括：

① 钢球磨煤机和风扇磨煤机均有很大的空载损失，因此应尽量使其满负荷运行。从磨煤机满负荷运行的观点来看，储仓式制粉系统最为理想。

② 确定最合适的钢球装载量，定期填加钢球。在钢球磨煤机运行 2500～3000h 后要清理一次，将小于 15mm 的钢球及其杂物除掉。

③ 磨煤机系统的漏风会降低磨煤机出力，而使单位耗电量增加。因此，在运行中应注意堵塞漏风，把制粉系统的漏风率要控制在规定范围内。

④ 磨煤机的耗电量随着煤粉细度的增加而增加，所以应通过试验确定最佳的煤粉细度。

⑤ 进入磨煤机的煤块越小，耗电量越低，但碎煤机的耗电量增加，试验证明碎煤机比磨煤机省电，因此应尽量利用碎煤机破碎煤块，进入磨煤机的煤质粒度不应大于 300mm。

⑥ 煤的水分过多会引起较细的煤粒粘在钢球表面上，或者被中速磨煤机压成煤饼，以致磨煤机出力大为降低，耗电量增加，因此应限制煤的水分在 12%以下。

⑦ 作干燥剂用的烟气温度高，煤的可磨性系数高，均可降低风扇磨煤机的耗电量。

⑧ 煤中“三块”（石块、铁块、木块）对中速磨煤机出力影响很大，应采取措施清除煤中“三块”，减少耗电量。

⑨ 由于风扇磨煤机的打击板磨损，会降低磨煤机出力 30%～40%，致使耗电量增加。打击板的使用寿命一般可达 1000h 左右，因此应经常检查、监视磨煤机打击板的磨损情况。

⑩ 煤质太硬和灰分过多会导致金属磨损加剧，影响中速磨煤机的出力，使耗电量增加。所以煤质越差，磨煤单耗越大。

⑪ 选择合适的钢球尺寸和配比。例如某电厂通过制粉系统优化试验，确定钢球规格为30/40mm，配比为35%/65%。

5.2.17 制粉系统单耗

制粉系统单耗是指制粉系统（包括磨煤机、给煤机和排粉机等）在计算期内每磨制单位量的煤粉所消耗的电量，单位：(kW·h)/t。

一般情况下，钢球磨制粉系统用电单耗为26～33(kW·h)/t，中速磨制粉系统的用电单耗为22～28(kW·h)/t，风扇磨制粉系统的用电单耗约为21～26(kW·h)/t。

降低制粉系统单耗的主要措施有：

① 利用大修期筛选钢球，定期添加钢球，降低制粉电耗。

② 制粉系统采用料位自动监控、仿真等技术，实现制粉系统经济运行，提高制粉系统出力。

③ 做好制粉系统维护工作，减少制粉系统漏风。

④ 通过试验核实和确定磨煤机最佳通风量。

⑤ 通过试验核实和确定最佳煤粉细度。

⑥ 及时清理木屑分离器等设备，降低制粉系统阻力。

⑦ 控制好磨煤机进、出口温度。

⑧ 中速磨煤机的上盘压紧弹簧，应通过出力试验确定，并在运行中加强监视。

⑨ 加强制粉系统的运行管理与维护，例如吸潮阀、绞笼下粉插板、锁气器、木块分离器等的管理与维护均应形成制度。

⑩ 对制粉系统的运行方式进行全面的优化调整，选择合理的排粉机的运行方式和磨煤机运行方式等。

5.3 汽轮机专业小指标

汽机专业的小指标主要包括：热耗率、真空度、凝汽器端差、凝结水过冷却度、给水温度、给水泵和循环水泵耗电率、高压加热器投入率、除氧合格率等。

5.3.1 热耗率

热耗率是指汽轮发电机组每发1kW·h电能所消耗的热量，单位：kJ/(kW·h)。

汽轮发电机组的热耗率与汽轮机的绝对电效率（也叫汽轮发电机组热效率）成反比。对于国产机组，中温中压机组热效率一般为20%～30%，高温高压机组为30%～40%，超高压参数以上机组大于41%。机组热效率每降低0.1%，发电煤耗将增加 0.25%。提高汽轮发电机组热效率的措施主要有：

① 重视冷却塔维护工作，降低循环水温度，提高凝汽器真空。

② 适度增加循环水量，降低循环水出、入口温度差。

③ 保持凝汽器冷却管清洁，降低凝汽器端差。

④ 改善凝汽设备，消除凝结水过冷却。

⑤ 尽可能保持汽轮机在额定参数下稳定运行。

⑥ 充分运行回热装置，减少排入凝汽器的蒸汽量。

⑦ 对投产较早、效率较低的 125MW、200MW、300MW 汽轮机，可通过更换新型叶轮、新型隔板、新型结构汽封、新型流道主汽门和调门等措施进行通流部分改造，以提高通道圆滑性，减少节流损失。

⑧ 提高检修维护质量，减少漏泄和散热损失。

5.3.2 凝汽器真空度

凝汽器真空度是指汽轮机低压缸排汽端真空占当地大气压的百分数，单位：%。

由于机组安装所处地理位置不同，单独用汽轮机真空的绝对数进行比较难以确定机组真空的好与差，所以用真空度来反映汽轮机凝汽器真空的状况。

绝对真空的真空度为 100%。若大气压力与工质的绝对压力相等时，则真空度为零。计算时，当日大气压力取 24h 平均值，真空值取当日 24h 现场抄表所得的平均数。

凝汽器真空度与循环水入口温度、循环水量、凝汽器清洁度、凝汽器真空严密性及负荷等指标有关。气候变化等因素引起凝汽器真空降低及真空系统泄漏均会引起热耗上升。通常凝汽器真空也可以用凝汽器排汽压力衡量，凝汽器排汽压力等于当地大气压力减去真空值。

一般来说夏季由于循环水温度较高，凝汽器真空比冬季要低 4kPa 左右。真空每降低 1kPa，或者近似地说真空度每下降 1%，热耗至少增加 1.05%，出力降低约 1%。例如某机组真空对热耗的影响幅度见表 5-4。

表 5-4 真空变化对热耗的影响

出力系数/%	40	60	80	100
真空提高 1%热耗减少/%	2.35	1.65	1.15	1.05

凝汽器真空是影响机组供电煤耗的主要因素。汽轮机若要经济运行，应使汽轮机保持在最有利的真空下工作。一般要求考核期闭式循环机组真空度平均值应不低于 92%，开式循环机组真空度平均值应不低于 94%，循环水供热机组仅考核非供热期。提高真空的主要措施是：

① 降低冷却水（对于闭式循环冷却系统机组的冷却水，又叫做循环水）入口温度。冷却水入口温度是指进入汽轮机凝汽器前的冷却水温度，是关系到汽轮机运行经济性的一个重要小指标。当冷却水入口温度在规定范围内时，冷却水入口温度每降低1℃，真空可提高0.3%～5%，煤耗相应降低0.3%～5%。因此应加强对冷却塔维护，及时清理水池和水塔的淤泥和杂物，疏通喷嘴，更换损坏的喷嘴和溅水碟，修复损坏的淋水填料。

② 夏季真空容易变差，需要适当增加冷却水量。当负荷不变时，冷却水温升增大，表明冷却水量不足，此时应增加冷却水量。但是增加冷却水量，将使循环水泵电耗增加。对引进型300MW机组凝汽器，当冷却水量增加15%时，凝汽器真空将上升0.5kPa。

③ 加强凝汽器的清洗，保持凝汽器铜（钛）管清洁，以提高冷却效果。凝汽器清洗通常采用胶球在运行中连续清洗凝汽器法、运行中停用半组凝汽器轮换清洗法、停机后用高压射流冲洗机逐根管子清洗等方法。在运行过程中，要保持凝汽器的胶球清洗装置经常处于良好状态，根据循环水水质情况确定运行方式（如每天通球清洗的次数和时间），确保胶球回收率在95%以上。必要时还可以对循环水进行加药处理。

④ 不超负荷运行，防止进入凝汽器蒸汽量过多。进入凝汽器蒸汽量过多，真空降低。1台300MW机组凝汽器热负荷每增加10%，凝汽器真空就降低0.43kPa。

⑤ 保持真空系统严密性。真空系统严密性不好将会影响凝汽器真空。每月应至少进行一次真空严密性试验，利用氦质谱检漏仪、真空系统注水检漏等设备和方法，及时发现真空系统泄漏点，并及时进行处理。

⑥ 对于效率较低的抽气器或真空泵，应更换为新型高效抽气器或真空泵。

5.3.3 凝汽器端差

凝汽器端差是指汽轮机排汽压力对应的饱和温度与凝汽器出口循环水温度的差值，单位：℃。端差的大小与凝汽器单位冷却面积的蒸汽负荷、凝汽器钛（铜）管清洁程度及真空系统严密性有关。

凝汽器端差一般控制在4～8℃以下，因此考核期内的凝汽器端差平均值应不高于8℃，背压机组不考核，循环水供热机组仅考核非供热期，对于海水冷却的凝汽器，夏季端差一般控制在12℃以下，冬季控制在7℃以下。端差每增加1℃，热耗增加0.3%～0.5%。降低凝汽器端差的措施主要有：

① 安装并投运胶球连续清洗装置。胶球投入不及时，将造成凝汽器结垢，真空下降。在同一负荷下，如果真空系统严密，抽汽器（或真空泵）工作正常时，端差增大表明凝汽器污脏。因此应加强对凝汽器胶球清洗系统的管理，设立专人负责及时投球，并随时消除缺陷，要求投入率达到100%。

② 防止凝汽器汽侧漏入空气，降低真空泄漏率。

③ 利用低负荷机会，进行凝汽器半面清洗；在冬季冷却水温较低时，也可以进行半面清洗。每次大小修时，必须彻底清扫冷凝器内水垢及汽侧污垢。

④ 定期采用冷却水反冲洗等方法，清洗凝汽器管内浮泥。

⑤ 根据冷却水水质情况，进行冷却水处理，如加药、排污等，减轻凝汽器污染。

5.3.4 凝结水过冷却度

汽轮机排汽压力对应的饱和温度与凝汽器热井内凝结水温度之差称为凝结水过冷却度（或凝汽器过冷度，简称过冷度），单位：℃。计算时，排汽温度、凝结水温度均按现场抄表所得的当日 24h 的平均值。

在理想情况下，凝结水温度应和凝汽器的排汽压力下的饱和温度相等，但实际上由于各种因素的影响使凝结水温度稍微低于排汽压力下的饱和温度，这就是凝结水过冷却。凝结水过冷将产生不可逆的冷源损失，降低机组的热经济性。正常运行时，凝汽器过冷度一般为 0.5～2℃。凝汽器过冷却度每升高 1℃，机组热耗将增加 0.014%左右。

凝结水过冷却将造成以下危害：

① 凝结水过冷却，由于液体中溶解的气体与液面上该气体的分压力成正比，导致凝结水的含氧量增加，加重了除氧器的负担，加快设备管道的锈蚀，降低设备寿命和可靠性。

② 凝结水过冷却使凝结水温度低，导致循环水带走过多的热量，冷源损失增大，降低机组热经济性。

减少凝结水过冷却度的措施：

① 运行中严格监视凝汽器水位。还可以利用凝结水泵的运行特性，使凝汽器尽可能保持低水位运行，避免淹没凝汽器冷却水管。

② 注意真空系统严密性变化，定期进行真空系统严密性试验（特别在每次停机时），发现漏点及时消除，防止空气漏入。

③ 保证抽气器或真空泵处于正常工作状态，定期清扫抽气器喷嘴。如果抽气器运行不良，则凝汽器内的蒸汽混合物中的空气分压力增大，蒸汽分压力降低，凝结水温度就低于冷凝器内总压力对应的饱和温度，而引起凝结水的过冷却。

④ 运行中加强对凝结水泵密封水压的监视，防止空气自凝结水泵轴封漏入。

⑤ 运行中加强对真空系统密封水的监视，防止密封水中断而漏入空气。

⑥ 运行中加强对低压汽封的监视与调整，防止空气漏入。

⑦ 汽轮机排汽口与凝汽器的连接采用柔性连接，以防止运行中膨胀不畅导致空气的漏入。

⑧ 对于旧凝汽器，可拆除部分冷却水管，让排汽能深入到冷却面下部。

5.3.5 排汽温度

排汽温度是指蒸汽在汽轮机内作完功排入凝汽器时的蒸汽温度（即通过凝汽器喉部的蒸汽温度值），条件允许时取多点平均值，单位：℃。

排汽温度为排汽压力下的饱和温度，是汽轮机运行中常被忽视而又很重要的一个间接指标。如果排汽温度高，要么使机组的热效率降低，要么通过增加冷却水量（会使厂用电率增加）使其下降。排汽温度每增加 1℃，机组热耗将增加 0.3%～0.5%，煤耗率将增加 0.75～1.29g/(kW·h) 左右。

排汽温度与排汽压力为一一对应关系。排汽温度计算公式为：

排汽温度＝冷却水进水温度＋冷却水温升＋凝汽器端差

从上式可见，排汽温度受循环水温度、循环水温升、凝汽器端差的影响。也就是说，冷却塔运行效果、凝汽器冷却管清洁度、真空系统严密性、胶球清洗装置运行情况直接影响到排汽温度。

5.3.6 凝结水泵耗电率

凝结水泵耗电率是指统计期内凝结水泵消耗的电量与机组发电量的百分比，单位：%。凝结水泵耗电率与凝结水系统阻力、系统严密性、凝结水泵效率、泄漏程度等有关。

凝结水泵所输送的是相应于凝汽器工作压力下的饱和水，所以在凝结水泵入口易发生汽化，因此水泵性能中规定了进口侧的灌注高度，借助水柱产生的压力使凝结水离开饱和状态，避免汽化，因而凝结水泵安装在热井最低水位以下，使水泵入口与最低水位维持 0.9～2.2m 的高度差，利用该段水柱的静压提高水泵进口处压力，使水泵进口处水压高于其所对应的饱和压力。

国产 300MW 机组配置的凝结水泵或者凝升泵扬程普遍偏高，是影响机组热经济性的因素之一。凝结水通过低压加热器进入除氧器，除氧器最大工作压力不超过 0.7MPa，进入除氧器的凝结水最大工作压力在 1.0MPa 左右，现场数据表明凝结水克服从零米到除氧器水柱压力与管道阻力所需压头 1.2MPa，那么在凝结水泵或者凝升泵出口的凝结水压头只要达到 2.2MPa 即可满足除氧器上水要求。然而不少电厂凝结泵或者凝升泵出口的凝结水压头达到 2.5～2.7MPa，这些富裕的能量只能通过除氧器给水调节阀的节流损失掉。而且随着机组负荷的下降，凝结水流量降低，凝结水泵出口压力将会更高。因此，对凝结水泵或者凝升泵改造很有必要，而且节能效果显著。

凝结水泵或凝升泵改造方式主要有：

① 泵整体更换。

② 更换一级叶轮。

③ 更换整个转子。

④ 去掉一级叶轮。

⑤ 采用变频电机驱动。

案例 6

某 300MW 机组汽轮机配备两台 NLT 350-400X-6-D 型凝结水泵，流量 970t/h，功率 1000kW。因设计选型时选择的余量较大，导致机组满负荷运行时除氧器上水调门的开度只有不到 30%，节流损失较大。通过对其进行取掉一级叶轮的改造，运行电流约降低 10～15A，节能效果明显。

5.3.7　电动给水泵耗电率

电动给水泵耗电率是指统计期内电动给水泵消耗的电量与机组发电量的百分比，单位：%。电动给水泵耗电率与给水系统阻力、系统严密性、给水泵效率、泄漏程度等有关。

通常给水泵耗电情况采用给水泵单耗来考核。给水泵单耗是指计算期内电动给水泵消耗的电量与其出口累积流量的比值，单位：(kW・h)/t。

降低电动给水泵单耗的措施为：

① 尽量减少给水泵与锅炉之间给水管道中的弯头、阀门和异型部件的数量，减少给水流动阻力损失。

② 给水泵出口压力应符合将给水打入汽包所需的压力，不应使富裕压力过大。

③ 检修时应调整好给水泵的内部间隙，以提高给水泵的效率。通常给水泵的内部间隙若增大 0.4～0.6mm，给水泵的效率将降低 3%～4%。

④ 单元机组采用变速调节流量方法代替节流调节流量的方法。

⑤ 加强阀门检修管理，减少给水泵再循环阀（即最小流量阀）泄漏，国产机组给水泵再循环阀内漏是一个普遍现象。

⑥ 母管制给水系统采用新一代高效给水泵。

⑦ 300MW 及以上机组的给水泵采用专用小汽轮机拖动。300MW 及以上机组电动给水泵耗电量约占全部厂用电量的 35%～50%，采用汽动给水泵后，可以减少厂用电，使整个机组向外多供 3%～4%的电量。

⑧ 进行给水系统改造。目前，给水系统存在问题及改造措施如下：

a. 小汽轮机额定功率远大于给水泵的轴功率，形成大马拉小车情况，致使小汽轮机运行工况点偏离设计工况点，运行效率下降。对小汽轮机实施改造，可以考虑去掉一级叶轮，或者整个通流部分进行改造。

b. 配套的给水泵设计扬程偏高。解决途径是：可以考虑去掉一级叶轮，或者更换为采用引进技术生产的新一代调速泵组。例如多家电厂成功采用了英国WEIR泵公司技术制造的DGT 600-240型半容量调速给水泵，其可靠性提高，维护工作量减小，实测效率达80%以上；另外还有的电厂成功采用QG 525-240型和TDG 525-240型实施改造。

5.3.8 循环水泵耗电率

循环水泵耗电率是指统计期内循环水泵耗电量与机组发电量的百分比，单位：%。循环水泵耗电率与循环水泵效率、系统阻力、循环水泵运行方式、循环水系统严密性等有关。

应注意的是：循环水泵一般只考核其耗电率即用电率，而不考核其单耗。对工业水采用闭式循环的系统，其闭式循环泵的耗电量不能计入循环水泵耗用电量之中。对循环水泵进行监督时，必须查看是否有循环水泵厂用电率记录；查阅设计说明书，要求循环水泵设计效率应不小于80%，否则应对效率低的循环水泵进行改造。

大中型机组的循环水泵厂用电率一般不超过1%。减少循环水量可以降低耗电量，但是这会使汽轮机的真空恶化，增加热量损失。在蒸汽初参数和流量不变的情况下，提高真空会使蒸汽在汽轮机中的可用焓增大，相应地增加发电机的输出功率。但是在提高真空的同时，需要向凝汽器多供冷却水，从而增加循环水泵的耗电量。因此应确定一个最有利的冷却水量（或称最有利真空）。实际运行中，根据凝汽量和冷却水进口温度来选用最有利真空下的冷却水量。换句话说，就是合理调度循环水泵台数和出力。

降低循环水泵耗电量的措施有：

① 提高循环水泵效率。经试验证明，循环水泵内部铸造表面研磨打光后，水泵的效率将能提高6%~7%。

② 对于单元制机组应根据汽轮机最有利真空试验结果，合理安排循环水泵的调度方案。

③ 维持稳定的循环水管虹吸作用。

④ 去掉循环水系统中多余的阀门，改善管道形状，尽可能减少管道阻力损失。

⑤ 加强循环水入口滤网清理，定期清除循环水管淤泥附着物，以减小流动阻力。

⑥ 对母管制电厂根据负荷调整运行台数。

⑦ 对循环水泵的改造：通过对循环水泵本体改造或整体更换，提高循环水泵的效率，提高机组真空，进而提高机组的经济性。有的电厂改造后泵的效率可提高约20%，提高真空约0.12~0.3kPa。

⑧ 采用双速循环水泵，根据季节调节。

案例 7

某 300MW 机组配备 2 台 2000kW 循环水泵，冬季气温低且机组低负荷运行时，循环水泵出力过大，因而浪费了大量的电能。为此，将 2 号循泵电机改造为单绕组双速，即 2000/1400kW、16/18P、375/333r/min 双极变速电机。当电机在 18 极运行时，其流量为原高速挡流量的 0.889 倍，扬程为原高速挡扬程的 0.79 倍，轴功率为原高速档轴功率的 0.702 倍。改造后 2 号循泵电机在低速下运行定子电流由原来的 225A 降至 175A，达到节能的目的。

5.3.9 最终给水温度

最终给水温度是指高压给水加热系统大旁路后的给水温度值，单位：℃。

考虑到高压加热器出口温度表计装置的地点不同及给水旁路门的严密性，一般以装在炉侧给水母管上的给水温度表计为准。

高压加热器由于处于高压下工作，容易损坏，损坏后高压加热器不能投入运行，给水温度将下降。表 5-5 给出了高压加热器不能投入运行后，给水温度降低的数值。

表 5-5　高压加热器停运后，给水温度降低的数值

机组类别	高加出口水温/℃	给水泵出口水温/℃	高加停运给水温度下降值/℃
中压机组	164	104	60
高压机组	222～239	160	62～79
超高压机组	240	160	80
亚临界压力机组	258～263	160	98～103

给水温度每降低 1℃，热耗将增加 0.04%左右。运行中应充分利用回热加热设备，尽量提高给水温度。根据现场运行数据或检查能耗报表，考核期内的平均给水温度应不低于其对应平均负荷的设计给水温度。设计给水温度主要受高压加热器的进汽压力和高压加热器的运行可靠性的影响。为了使高压加热器能全部投入运行，最大限度地提高给水温度，应采取以下措施：

① 检修时应清扫加热器管子，保持加热器清洁，以降低加热器的端差。

② 改进高压加热器旁路门和旁路系统，严防泄漏。

③ 消除高压加热器水室隔板的泄漏现象，防止给水短路

④ 尽可能地保证高压加热器正常投入。

⑤ 及时消除低压加热器不严密缺陷，防止空气的漏入。

⑥ 保证加热器疏水器正确动作，维持加热器疏水在最低水位，防止疏水积存淹没冷却水管。

⑦ 高压加热器要随机启停，并控制各加热器启停温升（降）率在合格范围内。

5.3.10 高压加热器投入率

高加投入率是指高压加热器投入运行小时数与其相应的汽轮发电机组运行小时数之比的百分数，单位：%。

高加投入率与高压加热器启动方式、运行操作水平、运行中给水压力的稳定程度和高压加热器健康水平有关。高压加热器投入率每降低1%，发电煤耗率将升高0.08g/(kW·h)。

监督检查时，应检查能耗报表，随机启停机组高加投入率应不小于98%，定负荷启停机组高加投入率应不小于95%。

提高高压加热器投入率的措施主要包括：

① 要规定和控制高压加热器启停中的温度变化率，防止温度急剧变化。冷态启动或工况变化时，温度变化率一般应限制在38℃/h。当温度突变50℃/h，管板上的最大集中应力，约为300MPa，已接近管板材料的屈服极限。

② 保持高压加热器旁路阀门的严密性，使给水温度达到相应值。

③ 在加热器启动时，应保持加热器排气畅通。将加热器内非凝结气体排出，是保证加热器正常工作的重要条件。加热器内如有非凝结气体聚集，不但会降低加热器效率，而且还会加快部件的腐蚀。监视加热器的端差，可以判断排气是否畅通。但是当加热器超负荷、管束泄漏或结垢时也会引起终端差增大，应予具体分析对待。

④ 避免加热器超负荷运行。加热器在超负荷工况运行时，蒸汽和给水都会加大加热器的工作应力，缩短加热器的使用寿命。如两台并联的加热器一台停运时，另一台将会严重地超负荷，这种工况应当避免。

⑤ 当加热器长时间停运时，应在完全干燥后在汽侧充入干燥的氮气，以防止停运后的腐蚀，延长加热器的使用寿命。

5.4 电气专业小指标

电力生产通常必须按规定的频率和电压按向用户提供正弦波形的交流电，任何的频率和电压偏移、波形畸变都将影响到用电设备的运行性能和效率。

5.4.1 频率偏差与频率合格率

频率（也叫周波）是一个国家整个电力系统统一的运行参数。一个电力系统只能有一个频率，我国和世界大多数国家电力系统的额定频率标准定为50Hz，只有日本和少数国家的电力系统使用的额定频率标准定为60Hz。在电力系统中，如果发电机发出的功率与用电设备及送电设备消耗的功率不平衡，就会引起电力系统频率发生变化。电力系统频率突然下降或大幅度下降，一般是由于电源事故（包括发电厂内部机组故障停止运行和电源线路故障跳闸）或系统解列事故引起电源功率缺额造成的。当系统负荷超过电厂出力时，系统频率就降低，系统频率降低幅度越大，说明电源功率缺额就越大。当系统电源功率大于系统负荷时，系统频率就要升高。

电力系统的负荷始终随时间在不断地变化，要随时保持系统电源的有功功率与用户有功功率的平衡，维持系统频率在允许范围之内运行，因此电力系统应具有一定的运行备用容量和装有自动低频减负荷装置，以满足频率变化的需求，一般要求运行备用容量达到 1%～3%。

频率变化将引起异步电动机转速变化，使工厂产生次品。系统频率降低，会造成电动机功率降低，导致水泵打不上水，风机风量不足。系统频率的不稳定性，易影响电子设备工作的准确性。系统在低频运行时，容易引起汽轮机叶片的共振，缩短汽轮机或叶片的寿命。频率偏移会对机组经济性产生不利影响，频率每降低 1Hz，汽耗率将增加 0.4%；频率每增加 1Hz，汽耗率增加 0.2%。

频率质量考核指标是频率偏差和频率合格率。系统频率的实际值和标称值之差叫频率偏差。频率合格率是按分钟统计的合格时间与计算期日历时间（min）的比率。日频率合格率是按分钟统计的频率合格时间与日运行时间（1440min）的比率。月、年频率合格率是日频率合格率的算术平均值。

系统标称频率为 50Hz。用于频率偏差指标评定的测量，需用具有统计功能的数字式自动记录仪表（具有连续监测和统计功能的仪器、仪表或自动监控系统），其绝对误差不大于±0.01Hz。频率标准和允许偏差值见表 5-6，超出偏差值为不合格频率。

表 5-6　频率标准与允许偏差

标准频率	分类	允许偏差/Hz
50Hz	装机容量 3000MW 及以上电力系统	±0.2
	装机容量 3000MW 以下电力系统	±0.5

根据《电力生产事故调查暂行规定》，电力系统频率偏差超出以下数值，统计为一般事故：装机容量在 3000MW 及以上电网，频率偏差超出（50±0.2）Hz，且延续时间 30min 以上；或者偏差超出（50±0.5）Hz，且延续时间 15min 以上；装机容量在 3000MW 以下电网，频率偏差超出 50±0.5，且延续时间 30min 以上；或者偏差超出（50±1.0）Hz，且延续时间 15min 以上。

5.4.2　电压偏差与电压合格率

电力系统正常运行的电压偏移百分比，叫作电压偏差。标称系统电压就是系统设计选定的电压。

我国对发电厂供电电压要求保持在额定电压+10%，发电厂凡未由调度部门下达电压曲线的母线电压，其允许偏差值如下：

① 500（330）kV母线：在正常运行方式时，最高运行电压不得超过系统额定电压的+10%；最低运行电压不应影响电力系统同步稳定、电压稳定、厂用电的正常使用及下一级电压的调节。

② 220kV母线：正常运行方式时，电压允许偏差为系统额定电压的0～+10%；事故运行方式时为系统额定电压的−5%～+10%。

③ 110～35kV母线：正常运行方式时，电压允许偏差为系统额定电压的−5%～+7%；事故后为系统额定电压的±10%。

电力系统电压大幅度降低有两个原因：

① 电力系统无功功率不足。负荷的无功功率不断增加，引起电压下降。

② 电力系统无功电源突然切断。电压大幅度降低的后果将使系统失去稳定而造成振荡，同时将使发电机、调相机和用户电动机严重过负荷；当下降更多时，可能使系统的稳定性破坏即电压崩溃，甩去大量负荷。

电压质量考核指标是电压合格率（电压质量合格率）。日电压合格率是按分钟统计的日电压合格时间与日运行时间（1440min）的比率。月、年电压合格率为计算期内日电压合格率的算术平均值。

发电厂正常运行时的母线电压是按调度给定的“电压曲线”控制的，当发生电压降低并超过曲线要求时，电气运行值班人员应向调度汇报，由调度投入系统内的备用机组。根据《电力生产事故调查暂行规定》，电力系统电压偏差超出以下数值，统计为一般事故：电压监视控制点电压偏差超出电网调度规定曲线值±5%且延续时间2h以上，或者偏差超出±10%且延续时间1h以上。

5.4.3 总谐波畸变率

谐波是谐波分量的简称，对周期性交流量进行傅里叶级数分解，得到频率为基波频率大于1整数倍的分量。一般分为电压谐波和电流谐波。

谐波含有率是指周期性交流量中含有的第n次谐波分量的方均根值与基波分量的方均根值之比，用百分数表示。

总谐波畸变率也叫波形正弦性畸变率，是指周期性交流量中的谐波含量的方均根值与基波分量的方均根值之比，用百分数表示。

发电厂的谐波监测点可选取发电机出口、升压站母线、6kV厂用电母线，测量谐波电压和谐波电流。

谐波电压限值：

① 发电机在空载额定电压和额定转速下，其空载线电压波形正弦性畸变率不超过3%。

② 公用电网谐波电压（相电压）限值见有关规定值。

5.4.4 三相电压不平衡度

三相电压不平衡度是指三相电力系统中电压不平衡的程度，用电压负序分量与正序分量的均方根值的百分比表示。

负序分量是将不平衡的三相系统的电压分量按对称分量法分解后，其负序对称系统中的电压分量；正序分量是将不平衡的三相系统的电压分量按对称分量法分解后，其正序对称系统中的电压分量。

在有零序分量的三相系统中，应用对称分量法分别求出正序分量和负序分量。电力系统公共连接点正常电压不平衡度允许值为 2%，短时不得超过 4%；接于公共接点的每个用户，引起该点正常电压不平衡度允许值一般为 1.3%。

发电厂电能质量技术监督主要范围包括电压质量、频率质量、谐波质量、三相不平衡度等监督。

在生产过程中，要按规定做好运行频率及电压统计；定期检测相关设备的谐波、畸变率及三相不平衡度。要对全厂的发电机的无功功率、调压功能、进相运行及电压质量进行管理与监督，要加强有功功率和无功功率的调整、控制及改进，使电源电压和频率等调控在标准规定允许范围之内。

按规定做好发电机、变压器等调试，投运时进行谐波测量，了解和掌握投运前、后的谐波水平及其变化，检验谐波对有关设备的影响，确保投运后系统和设备的安全、经济运行。

定期进行相关设备（电能质量测试仪、监测仪、显示仪表、电压及频率变送器等）的定检或送检，并建立有关档案；设备运行档案、消缺记录应齐全准确。

5.4.5 电功率指标

(1) 有功功率　有功功率是指电能转化为其他能量（机械能、热能、光能等）并在用电设备中消耗掉的功率。它是视在功率的有效分量，单位：kW。

有功功率可由电能表直接读出，或按同一瞬时的电压表、电流表的读数用公式计算得到。这样读出或计算出的有功功率是瞬时有功功率。

(2) 无功功率　无功功率是指在电能输送和转换过程中，为产生磁场所消耗的功率，它仅完成电磁能量的相互转换，并不做功。无功功率是视在功率的无效分量，单位：kVar。

无功和有功同样重要，没有无功，变压器不能变压，电动机不能转动，电力系统不能正常运行。

(3) 功率因数　功率因数是指有功功率与视在功率的比值。

电厂要求所有用电设施的功率因数不小于 0.85。高压供电的工业用户和高压供电装有带负荷调整电压装置的电力用户功率因数为 0.90 及以上；其他 100kVA 及以上电力用户和大、中型电力排灌站以上的功率因数为 0.85 及以上；农业用电功率因数为 0.85 及以上。

提高电能质量的措施：

① 各级电力部门要对所管辖电网（包括输配电线路、变电站和用户）的电压质量和无功功率、功率因数和补偿设备的运行进行监督。

② 各电力用户要向当地供电部门按期报送电压质量和无功补偿设备的安装容量和投入情况，以及无功功率和功率因数等有关资料。

③ 电网各级调度部门对其调度管辖范围内的电网进行电压监测，由归口单位进行考核；并选定一批能反映电网电压水平的监测点。所有变电站和带地区负荷的发电厂 10（6）kV 母线是中压配电电网的电压监测点。其电压应根据保证中、低压用户受电端电压合格的要求，规定其高峰、低谷电压值和允许的电压偏移范围，并进行监测。

④ 各发电厂（包括并入电网运行的企业自备电厂、地方电厂、小水电等）和一次变电站对电压、电流、有功功率和无功功率等运行参数，全天按小时进行记录或仪表自动打印记录。各级电力调度部门应按月平衡各级电网分地区、分变电站的无功功率和负荷，分析电网潮流和电压的变化，要大力开展无功优化工作，据此合理安排运行方式，调整无功功率，改善电压质量，提高经济运行水平。

⑤ 电力调度部门要根据电网负荷变化和调整电压的需要，编制和下达发电厂、变电站的无功功率曲线或电压曲线。

⑥ 发电厂的发电机和变电站的调相机，要严格按照调度下达的无功功率曲线或电压曲线按逆调压的原则运行，没有特殊情况或未经调度同意，不得任意改变无功功率。水、火电厂在系统需要时，按调度指令，发电机可改为调相运行。

⑦ 电力用户装设的各种无功补偿设备（包括调相机、电容器、同步电动机）要按照负荷和电压变动及时调整无功功率，防止无功功率倒送。

5.5 火电厂小指标竞赛

小指标竞赛是我国火电厂开展劳动竞赛的一种形式。基本做法是：在火电厂中，把生产技术经济指标，根据生产过程各环节的特点，按照工种、设备和岗位分解成若干具体的小指标，作为生产目标层层落实到车间、班组和岗位，按时进行分析、考核、评比和奖励。

小指标竞赛，是在第一个五年计划（1953～1957 年）期间首先在辽源发电厂等单位开始的，随后很快在全国电力生产单位中开展起来。它对完成电力生产计划和提高安全经济运行水平起到了很好的作用。电子计算机的普及，为指标的分解和分析提供了方便的条件，使小指标的设置更加科学合理、竞赛活动也从发电厂运行部门扩展到检修部门和科室管理部门，进而扩展到供电单位。

20 世纪 70 年代末 80 年代初，小指标管理逐步与生产计划管理、岗位责任制以及经济承包责任制结合起来，小指标定额纳入了月度生产计划任务书并逐级下达。同时，竞赛与奖励挂钩，在一定程度上促进了企业管理科学化、规范化。1979 年，作为火电厂节能的主要手段，小指标竞赛活动写入了原电力工业部颁发的《电力网和火力发电厂省煤节电工作条例》。

小指标竞赛是在发电机组的自动化水平较低、重要运行参数通过手动调节完成的情况下，为优化运行而开展的。进入 20 世纪 90 年代后，30 万千瓦及以上大容量火力发电机组迅速增加。这些机组都配备了先进的分散控制系统（DCS），锅炉、汽轮机和发电机及主要辅机的参数由计算机系统进行采集，并对主要参数实行在线监控，实现了在动态中不断优化机组的运行参数，有些电厂已替代了传统的小指标竞赛。

表 5-7 所示为某电厂小指标竞赛考核指标一览表。

表 5-7　小指标竞赛考核指标一览表

序号	考核指标	单位	考核周期	考核得分
1	主汽温度	℃	1min	
2	主汽压力	MPa	1min	
3	再热汽温	℃	1min	
4	凝汽器端差	℃	1min	
5	排烟温度	℃	1min	
6	凝汽器真空	%	1min	
7	炉膛出口氧量	%	1min	
8	过热器减温水流量	t/h	1min	
9	再热器减温水流量	t/h	1min	
10	一次风母管出口压力	KPa	1min	
11	＃1 高加端差	℃	1min	
12	＃2 高加端差	℃	1min	
13	＃3 高加端差	℃	1min	
14	＃3 低加端差	℃	1min	
15	＃4 低加端差	℃	1min	
16	给水温度	℃	1min	
17	循环水泵耗电率	%	30min	
18	凝结水泵耗电率	%	30min	
19	引风机耗电率	%	30min	

续表

序号	考核指标	单位	考核周期	考核得分
20	一次风机耗电率	%	30min	
21	送风机耗电率	%	30min	
22	制粉电耗率	%	30min	
23	锅炉效率	%	一班	
24	汽耗率	%	一班	
25	发电厂用电率	%	一班	
26	补水率	%	一班	
27	炉膛负压	Pa	1min	
28	汽包水位	mm	1min	
29	除氧器水位	mm	1min	
30	凝汽器水位	mm	1min	
31	升压站母线电压	kV	1min	
32	汽包壁温	℃	1min	
33	低温过热器金属壁温	℃	1min	
34	分隔屏过热器金属壁温	℃	1min	
35	后屏过热器出口金属壁温	℃	1min	
36	高温过热器出口金属壁温	℃	1min	
37	低温再热器出口金属壁温	℃	1min	
38	高温再热器出口金属壁温	℃	1min	

5.6 火电厂的对标管理

5.6.1 对标管理概述

对标管理起源于20世纪70年代的美国。最初是人们利用对标寻找与别的公司的差距，把它作为一种调查比较的基准的方法。后来，对标管理逐渐演变成为寻找最佳案例和标准，加强企业内部管理的一种方法。

对标管理的实质是为促进企业绩效的改进和提高而寻找、分析并研究优秀的产品、服务、设计、机器设备、流程及管理实践的系统方法和过程。

对标管理通常分为4种。

第一种，内部对标：指在企业内部开展的对标工作，可以是企业内生产经营指标的不断超越，也可以是将企业内部工作更具绩效的某一部门的做法当作其他部门学习的标杆。

优点：标杆资料和信息容易获取，无商业机密问题；在专业化程度较高的企业内，可促进部门间的沟通。

缺点：视野狭隘，难以有创新性突破。

第二种，竞争性对标：指企业对竞争对手的产品、服务、流程进行详尽分析，寻求产品或服务的竞争优势，实现企业自身产品或服务改进。

优点：企业自身与竞争对手的做法较具可比性，将对手的流程转换到本企业比较容易。

缺点：相关信息收集困难。

第三种，行业对标（同业对标）：指与全国或全世界范围内按照通用标准所划分的行业中最好企业进行对比。

优点：很容易找到愿意分享信息的对标对象，因为彼此不是直接竞争对手。

缺点：现在不少大公司受不了太多这样的信息交换请求，开始就此进行收费。

第四种，一般性对标：指与不相关的企业就某个工作程序进行对标，即类属或程序对标。

优点：可帮助企业激发具有创意的经营思路和突破性的思维方式。

缺点：需要投入较多的资源来进行初级资料的搜集或购买，业务流程的转换较为困难。

不同对标类型的实施特征如表 5-8 所示。

表 5-8　不同对标类型实施特征

对标类型	实施周期	对标合作方	结果
内部对标	1～4 个月	企业内部	重大改进
竞争性对标	6～12 个月	没有	比竞争对手更好
行业对标	10～14 个月	同行业中的企业	重大改进
一般性对标	12～24 个月	世界范围内所有行业	改变行业规则

不同对标类型的合作程度、信息相关性及绩效改进程度对比如表 5-9 所示。

表 5-9　不同对标类型合作程度、信息相关性及绩效改进程度对比

对标类型	合作程度	信息相关性	绩效改进程度
内部对标	高	高	低
竞争性对标	低	高	中
行业对标	中	中	高
一般性对标	中	低	高

5.6.2 火力发电企业对标活动

为贯彻《国务院关于印发节能减排综合性工作方案的通知》（国发［2007］15号）精神，落实《国家发展改革委关于印发重点耗能企业能效水平对标活动实施方案的通知》（发改环资［2007］2429号，以下简称《实施方案》）要求，促进电力企业能效水平对标活动的开展，充分挖掘火电企业节能潜力，提高火电企业能源利用效率，火力发电企业于2008年开始对标管理工作，即能效对标管理。

能效对标管理是指企业为提高能效水平，与国际国内同行业先进企业能效指标进行对比分析，确定标杆，通过管理和技术措施，达到标杆或更高能效水平的节能实践活动。

(1) 指导思想和目标 全面贯彻落实科学发展观，以《节约能源法》为依据，以《实施方案》为指导，以全面提高火电企业能源利用效率为核心，充分发挥行业节能管理体系的作用，完善行业节能对标范围，形成政府引导推动、行业协会指导协调、企业主体实施的适应市场的工作格局，保障火电企业能效对标活动的有序开展。火电行业能效对标工作在全国300MW级、600MW级、1000MW级火力发电机组范围开展，通过行业能效对标，全面降低能源消耗性的火电企业发电煤耗、厂用电率指标，降低资源消耗性的发电水耗指标，使机组保持最佳经济运行状态。

(2) 工作体系和工作方案

① 工作体系 在国家发展改革委员会的统一组织、指导和监督下，政府、行业协会、企业分工合作，突出重点，分步推进，保障火电企业能效对标活动有序开展。

中国电力企业联合会（以下简称中电联）负责组建能效对标工作指导体系，在全国火电机组技术协作网的基础上，规范对标指标体系，健全对标数据库，确定在各类技术边界条件下的能效标杆值和标杆机组（电厂），指导火电企业能效对标活动的有效开展。

中央及地方发电（集团）公司负责组织本公司内火电企业能效对标活动，建立能效对标活动组织机构，明确集团公司和火电企业各自的职责，保证能效对标活动顺利开展。其他行业自备电力企业和独立发电企业建立企业能效对标活动组织机构，开展能效对标活动。

② 工作方案 中电联组织制定火电企业能效标杆选择办法，确定机组能效和企业综合能耗的影响因素及其修正方法，并提交工作指导小组确认；根据全国火电机组技术协作网及机组竞赛数据，确定火电企业能效对标的指标体系，完善数据库，进行数据的汇总与分析；根据各企业能效指标情况，经工作指导小组审议，确定主要能效指标标杆和标杆机组（电厂）；报国家发改委，对标杆机组

(电厂) 给予表彰和奖励；对能效对标进行总结，并对指标体系和能效标杆逐年动态修订。

各集团公司建立能效水平对标信息报送制度，并督促所属火电企业根据制度要求，通过全国火电机组技术协作网，报送统计数据及节能降耗工作总结，时间要求为每年 1 月 20 日及 7 月 20 日前，要求数据准确、完整、及时。各企业根据自身情况，选择确定本集团、本企业年度对标指标目标值，制订对标改进方案和实施计划，配套形成有关规章制度，将对标指标目标值层层分解，落实到企业生产的每个环节。

③ 对标成果应用　中电联根据电力行业开展能效对标活动的实际情况，深入研究分析标杆企业的先进管理方法、改造措施及最佳实践方法，总结行业、企业能效对标先进经验和实践成果，并定期汇总企业节能情况，形成成果报告，指导企业节能工作的开展。结合企业工作需要，组织专家对标杆机组（电厂）和重点企业进行技术评估和服务。

电力企业根据自身对标活动实际情况，开展能效对标活动成效评估工作，分析指标改进措施和方案的可行性，总结在开展能效对标活动中的经验，制订行之有效的管理措施、手段和制度，结合全行业开展对标活动实践，制订下一阶段工作计划，及时调整对标标杆，进行更高层面的对标。

④ 表彰先进典型　中电联每年发布一次火电企业能效指标评比工作成果，评选电力行业火电企业能效标杆机组（电厂）；对候选标杆机组（电厂）由专家组进行评审；报国家发改委对标杆先进企业和个人给予表彰和奖励。对能效对标先进个人给予表彰和奖励。

各发电（集团）公司每年组织所属企业开展能效指标评比工作，对先进企业和个人给予表彰和奖励。

(3) 火电机组能耗水平对标内容

对标范围：目前只针对全国常规火电超超临界、超临界、亚临界机组，超高压、高压机组暂不列入对标范围。

① 能源消耗指标：a. 供电煤耗；b. 厂用电率；c. 油耗。

② 资源消耗指标：发电综合耗水率。

(4) 火电机组能耗水平对标程序

① 电厂申报：电厂按照对标要求的各项主要能效指标，向对标工作办公室报送申报材料。

② 办公室初审：办公室组织对申报材料进行初审，初审合格者，进入标杆候选机组。

③ 上级集团公司确认：确定的标杆机组主要能效指标和部分过程指标由电厂所属上级集团公司确认。

④ 公示：对候选机组能效指标进行公示。

⑤ 评价：办公室组织专家对候选机组进行能效水平评价。

⑥ 审定：办公室将最后评选和评价结果报领导小组审定、批准。

⑦ 公布：对全国同类机组能效指标排序、标杆先进机组进行公布。

⑧ 企业根据对标结果制订整改措施。

(5) 能效指标对标机组分类

① 按机组级别分：1000MW级机组、600MW级机组、300MW级机组。

② 按机组压力等级分：1000MW级超超临界机组、600MW级超超临界机组、500～900MW超临界机组、500～700MW亚临界机组、250～335MW亚临界机组、350～380MW亚临界机组等。

③ 按机组循环冷却方式：湿冷机组、空冷机组。

④ 按供电煤耗能效指标分：

a. 1000MW级超超临界机组。

b. 600～660MW级超超临界凝汽式湿冷机组。

c. 500～900MW级超临界凝汽式湿冷机组。

d. 500～800MW级俄（东欧）制机组。

e. 500～700MW级亚临界凝汽式湿冷机组。

f. 600MW级空冷机组（包括超超临界机组、超临界机组、亚临界机组）。

g. 600MW级供热机组。

h. 300MW级凝汽式湿冷机组。

i. 300MW级国产凝汽式湿冷机组。

j. 300MW级供热机组。

k. 300MW级空冷机组。

l. 350MW级进口凝汽式湿冷机组。

m. 350MW超临界机组。

n. 300MW级进口凝汽式湿冷机组。

⑤ 按厂用电率能效指标分：

a. 空冷机组。

b. 湿冷机组。

注：空冷机组厂用电率，还可按电动给水泵、汽动给水泵进行分类。

⑥ 按油耗能效指标分：机组油耗指标不进行分类。

⑦ 按发电综合耗水率对标分：

a. 空冷机组。

b. 开式循环冷却机组。

c. 闭式循环冷却机组。

(6) 确定标杆 将机组按以上类别分类，分别进行指标分析，确定能效指标的标杆值。标杆值分为3个档次：标杆先进值（该类别机组能效指标前20%的平均值，称为 A 标），标杆优良值（该类别机组能效指标前 40%的平均值，称为 B 标），平均值（该类别全部机组能效指标的平均值，称为 C 标）。若某类别机组统计台数不满 20 台时，只给出平均值（C 标）。

(7) 指标对标　参加对标机组的供电煤耗、厂用电率、发电综合耗水率、油耗四项能效指标与同类机组标杆值对比，确定指标是否达标。

(8) 过程指标

① 供电煤耗过程指标。发布部分标杆先进值与标杆优良值机组与供电煤耗相关的过程指标，供全国火电同类机组对比借鉴。供电煤耗指标以全国火电机组对标及竞赛相关数据为准。标杆先进值与标杆优良值机组按分类后的过程指标见表 5-10。

表 5-10　×00MW 级机组供电煤耗率过程指标

序号	电厂简称	机组编号	供电煤耗率/[g/(kW·h)]	负荷率/%	供电煤耗率环比	利用小时数/h	厂用电率/%	脱硫方式	循环冷却方式/开式、闭式	真空度/%
1										
2										
3										
4										
5										

② 厂用电率过程对标。按各等级机组分类后的厂用电率进行过程对标，发布与厂用电率相关的过程指标，供全国火电同类机组对比借鉴。厂用电率指标以全国火电机组对标及竞赛相关数据为准。厂用电率过程指标见表 5-11。

表 5-11　×00MW 级机组厂用电率过程指标

序号	电厂简称	机组编号	厂用电率/%	给水泵驱动方式	负荷率/%	主要辅机耗电率/%										
						送风机	引风机	一次风机	磨煤机	循环水泵	凝结水泵	给水泵	脱硫	脱硝	电除尘	累计
1																
2																
3																
4																
5																

③ 发电综合耗水率与油耗过程对标。按各等级机组分类后的发电综合耗水率与油耗进行过程对标，发布与发电综合耗水率与油耗相关的过程指标，供全国

火电同类机组对比借鉴。发电综合耗水率与油耗指标以全国火电机组对标及竞赛相关数据为准。

发电综合耗水率过程指标见表5-12。发电油耗过程指标见表5-13。

表5-12 ×00MW级机组发电综合耗水率过程指标

序号	电厂简称	机组编号	发电耗水率/[kg/(kW·h)]	循环冷却方式（直接空冷、间接空冷、开式、闭式）	取水方式（地表、地下、中水、海水）
1					
2					
3					
4					
5					

表5-13 ×00MW级机组油耗对标过程指标

序号	电厂简称	机组编号	油耗/(t/a)	点火方式（等离子、微油、常规、天然气）	点火用油/(t/a)	助燃用油/(t/a)
1						
2						
3						
4						
5						

5.6.3 全国火电机组能效对标结果

以300MW级机组为例。

(1) 全国火电300MW级机组能效指标标杆 2009年能效对标工作以2008年度机组运行指标为依据，由全国火电机组技术协作会组织完成。机组范围包括全国常规燃煤火电300MW级机组，容量范围为250～380MW。参加300MW火电机组对标的机组共有334台，125家发电企业。在对标机组中，国产机组278台，进口机组56台；凝汽式机组299台，供热机组65台；空冷机组13台，湿冷机组321台。

以下各类（项）标杆值均为实际值。

① 供电煤耗

分类条件	统计台数	供电煤耗/[g/(kW·h)]			
		平均值	最优值	前 20%先进值	前 40%先进值
国产凝汽式	217	337.47	315	324.2	326.43
进口凝汽式	52	327.64	306.83	316.68	319.8
供热	65	336.55	301.52	320.46	327.63
空冷	13	356.22	346.84	—	—
300～335 凝汽式水冷机组	240	336.45	314.84	324.52	328.51
350～380 凝汽式水冷机组	46	326.04	306.83	315.79	318.61

② 生产厂用电率

分类条件	统计台数	厂用电率/%			
		平均值	最优值	前 20%先进值	前 40%先进值
空冷	13	8.57	7.6	—	—
水冷	321	5.88	3.02	4.27	4.71

③ 油耗

分类条件	统计台数	油耗/t			
		平均值	最优值	前 20%先进值	前 40%先进值
全部	334	562.72	0	71.02	147.80

④ 水耗

分类条件	统计台数	水耗平均值/[kg/(kW·h)]
空冷	13	0.41
开式	130	0.42
闭式	191	2.45

(2) 全国火电 300MW 级机组能效水平对标供电煤耗标杆先进机组　按《全国火电行业 300MW 级机组能效水平对标技术方案（试行）》，在确定能效指标标杆后，按不同的分类边界条件和修正系数，对供电煤耗进行修正计算，确定供电煤耗标杆先进机组。供电煤耗标杆先进机组及其完成值、修正值如下。

① 国产凝汽式机组（前10名）

序号	电厂简称	机组编号	供电煤耗/[g/(kW·h)]	
			实际值	修正值
1	华润登封	1	319.7	306.96
2	华润登封	2	320	307.25
3	彭城	4	316	308.53
4	禹州	1	318.49	308.65
5	徐州华鑫	1	315	310.29
6	彭城	3	318	310.48
7	彭城	2	319	311.44
8	徐州华鑫	2	317	312.26
9	禹州	2	321.85	313.49
10	太仓港协鑫	6	317	313.83

② 进口凝汽式机组（前10名）

序号	电厂简称	机组编号	供电煤耗/[g/(kW·h)]	
			实际值	修正值
1	华能福州	3	306.83	304.28
2	华能福州	4	310.22	307.64
3	阳城国际	1	321.07	310.49
4	阳城国际	5	323.05	310.83
5	华能大连	2	310.23	311.74
6	阳城国际	3	322.44	311.81
7	阳城国际	4	323.02	312.37
8	阳城国际	6	325.57	313.26
9	阳城国际	2	325.44	314.71
10	华能大连	4	319.44	316.25

第6章 火电厂运行指标分析

6.1 火电厂热力系统计算方法

热力系统计算的目的在于确定热力系统各部分汽水的参数及流量、机组的功率和热经济性指标（汽耗率、热耗率、热效率和煤耗率等）。它是火电厂设计、运行和技术改造的一项基本运算，是热力工程的一项重要的技术工作，同时也是热力系统经济性诊断理论的基础。

热力系统计算最基本的方法是传统的常规热平衡法，掌握了该方法有助于更好地理解和掌握其他方法；但该计算方法比较烦琐，后经不断的改进，逐渐形成了热力系统简捷计算方法，如等效焓降法，循环函数法以及矩阵法等。

6.1.1 常规热平衡法

常规计算是列出各加热器的物质平衡式、热平衡方程及汽轮机的功率方程式，联立求解（z+1）元方程组，从而得出热力系统各部分汽水流量及其参数和机组热经济指标。

(1) 计算的原始资料 发电厂热力系统的计算，实际上就是对原则性热力系统的计算，必须给出以下资料：拟定的发电厂原则性热力系统图、给定的电厂负荷工况、锅炉和汽轮机的技术特性等。锅炉特性资料包括：锅炉类型、容量、参数、汽包压力、锅炉效率、排污率等；汽轮机特性资料包括：汽轮机类型、容量，汽轮机初、终参数，回热抽汽参数，机组的相对内效率，汽轮发电机组的机械效率和发电机效率等。此外，还应提供下列资料：进入和离开水处理系统除盐装置的水温，化学补充水的水质资料，热电厂还应提供供热方面的资料，如送汽参数、水热网的温度调节图、生产返回水量及其温度等。

(2) 计算的方法与步骤 常规计算的实质是联立求解多元一次方程组，其基本方程式包括：各换热器的物质平衡式和热平衡方程，汽轮机的功率方程。为解题方便，通常是将各汽水流量取为汽轮机汽耗量的份额，求解各换热器的物质平衡和热平衡式，即可求出各处汽水流量的相对值，其绝对值在汽轮机功率方程式解出之后才能求得。原则性热力系统计算的主要步骤如下所述。

① 应用已知条件在焓-熵图上绘出蒸汽在汽轮机中的工作过程线，以确定各工况点的汽态参数，查水蒸气表以确定水态参数，并整理成汽水参数表。在确定汽、水参数时，蒸汽经主汽门和调速汽门的压降损失，一般取蒸汽初压力的 3%～7%，各级回热抽汽管道的压降损失取为该级抽汽压力的 4%～8%。

② 列出各换热器中的汽、水物质平衡式和热平衡式，并联立求解，计算出各汽、水流量的份额。为了便于计算，厂内工质泄漏损失都看作是集中在新蒸汽管上的损失。热平衡式的求解顺序视电厂的类型和热力系统的特点而定，通常是“由外到内”、“从高到低”的计算顺序，即先从供热设备、水处理设备、锅炉连续排污扩容器等开始，然后计算内部的回热系统。回热系统的计算顺序视回热系统的连接方式而定，一般是由高压加热器开始，先求出高压加热器的抽汽份额，然后顺序到压力较低的加热器。若已知进入凝汽器的流量，计算顺序从低压加热器开始较为方便。当加热器的疏水用疏水泵送入主凝结水管道时，应利用混合器热平衡式与混合器前、后两台加热器的热平衡式，联立求解混合器前、后两台加热器的抽汽份额，或把混合器和混合后加热器作为一体，列热平衡式，再与混合器前加热器的热平衡式联立求解混合器前、后两台加热器的抽汽份额。对于有蒸汽过热段、凝结段、疏水冷却段的表面式加热器，既可以对每一段分别建立热平衡式，也可以将三段作为一个整体来建立热平衡式，只要给定加热器的传热端差和冷端端差（疏水端差），即可计算出回热抽汽份额。一般是将三段作为一个整体进行热平衡计算。射汽式抽气冷却器的计算，一般与相邻的低压加热器一起来建立热平衡式；轴封加热器也应与其水侧出口的回热加热器合为一体建立热平衡式，这样可以简化计算，减少一个未知数。

③ 利用汽轮机的功率方程式，计算机组汽耗量和各部分的汽水流量，并进行校核计算。校核计算，可根据汽轮机各段抽汽量和凝汽量在机内所发出的功率总和是否接近于给定的电功率来校核，或根据已求出的汽、水流量代入凝汽器或除氧器的物质平衡式来进行校核，其误差应在所采用的计算方法与计算工具的允许范围内，否则，需要进行一些必要的修正后重新计算，直至误差在允许范围内为止。应该说，如果热力系统进出热量平衡、进出物质平衡，以及计算正确无

误，则校核功率误差和物质误差必定为零。计算时，抽汽份额宜保留到小数点后六位数，做功不足系数应保留到小数点后六位数，这样能保证校核误差最小。校核计算时还应考虑一些数量在物理含义上的正确性，如除氧器的加热蒸汽量要有一定的数量，汽轮机的新蒸汽流量应小于高压缸的最大流通量，最小凝汽量应大于汽轮机的通风耗汽量等。

④ 计算热经济指标，包括热耗量、热耗率、汽耗率、煤耗率、标准煤耗率及全厂效率。

6.1.2　等效焓降法

在 20 世纪 60 年代后期，苏联学者库兹涅佐夫首先提出了等效焓降法，并在 70 年代逐步完善成熟，形成完整的理论体系。70 年代后期传入我国后，经西安交通大学林万超等教授的研究，增加了新的科研成果内容，而且在理论上也有了新的进展。目前，等效焓降法已成为我国热力系统定量计算的主要方法之一。

等效焓降法是基于热力学热变功的基本原理，考虑到热力系统结构和参数的特点，经过严密的理论推演，导出装置的等效焓降 h 和装置效率 η 几个热力参量。各种实际热力系统在参数确定后，这些 h、η 参量就随之确定，并可通过一定公式计算得出。

利用等效焓降法，既可用于整体热力系统的计算，又可用于热力系统的局部定量分析。它摒弃了常规热力计算的缺点，不需要全盘重新计算就能查明系统变化经济性，即用简捷的局部运算代替整个系统的繁杂计算。它只通过研究与系统改变有关的那些部分，并用给出的一次性参量进行局部定量，就可确定变化的经济效果。由于这种方法极为简单，因而成为现代耗差分析的基石。

等效热降主要用来分析蒸汽动力装置和热力系统的经济性。在火电厂的设计时，用来论证方案的技术经济性，探讨热力系统局部变动后的经济效益，是热力系统优化设计的有力工具。对于运行中的电厂，可用于分析诊断热力系统的热经济性，从而为技术改造提供确切的技术依据。在机组经济性分析中，等效焓降法对于诊断电厂能量损耗的场所和设备，查明能量损耗的大小，发现机组存在的缺陷和问题，提出节能改造的途径与措施，以及评定机组的完善程度和挖掘节能潜力等，都是重要的技术手段。

等效焓降法的特点是：局部运算的热工概念清晰，与一般热力学分析完全一致，因此容易掌握应用；计算简捷，与真实热力系统相符，且无论用手工计算或编程计算都很方便。分析问题时，这种方法能充分剖析事物的本质和矛盾，分清问题的主次，从而促进问题的正确解决。

利用等效焓降法经济性诊断理论，西安交通大学开发了火电机组经济性诊断系统（ESDS），分为离线和在线两种。离线经济性诊断系统主要用于全面考核机组的经济性，可以通过定期热力试验数据或实际运行数据进行；也可用于技术改造前的方案选择和技术改造后的经济效益评定。在线诊断系统主要用于实时运行经济性诊断、分析和操作指导，通过实时采集运行数据，能实时定量计算机组的各种性能指标，分析机组运行经济性的高低，并指出导致经济性低的地点及大小，给出适当的运行操作指导。

6.1.3 循环函数法

20 世纪 50 年代美国 Sali Sbury 提出的加热单元概念，由马芳礼教授创立了“循环函数法”，大大简化和方便了热力系统计算和分析。

循环函数法是火电厂汽轮机组设计、热力试验、运行特性分析或技术改造时进行计算的一种方法，该方法把汽轮机回热系统划分为若干个加热单元（如图 6-1 所示），凝汽系数 α_c 等于各单元进水系数 dG_i 的连乘，可用热参数 q（抽汽放热量）、γ（疏水放热量）、τ（加热器给水的焓升）来表征，而循环热效率 $\eta_t=f(q,\gamma,\tau)$。这样就便于求解最佳回热分配和确定最佳运行状态。

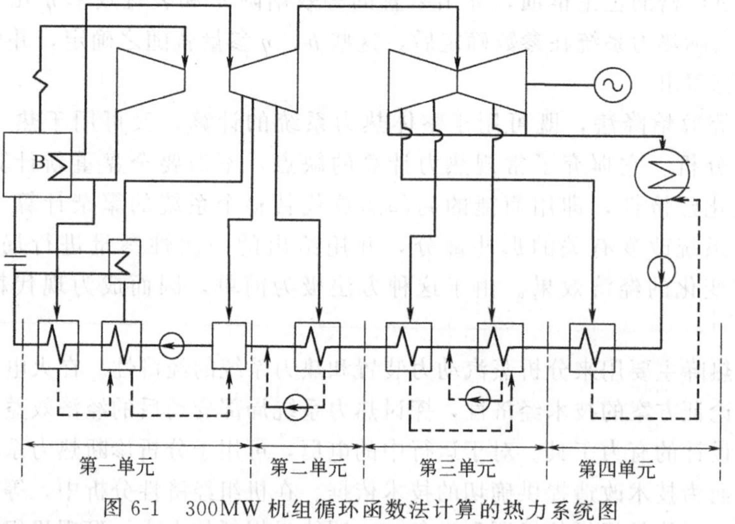

图 6-1　300MW 机组循环函数法计算的热力系统图

6.1.4 矩阵法

华北电力大学张春发教授在总结前人研究成果的基础上，突破了热力学的禁锢，开拓性地把系统工程的思想引入到电厂热力系统分析中来，结合矩阵理论，建立了反映火电厂热力系统拓扑结构的火电厂热力系统汽水分布方程和反映火电厂热经济性的火电厂热经济性状态方程，它们能够方便地应用于火电厂热经济性的计算、分析，为火电厂热力系统分析提供了新的理论基础和研究方法。

(1) 热力系统热经济性状态方程　为了叙述方便，记第 i 级抽汽量为 D_i，抽汽比焓为 h_i，第 i 号加热器出口水比焓为 h_{wi}，疏水比焓为 h_{di}，其他各处汽、水比焓下标原则上与图 6-2 中所示流量的下标对应。

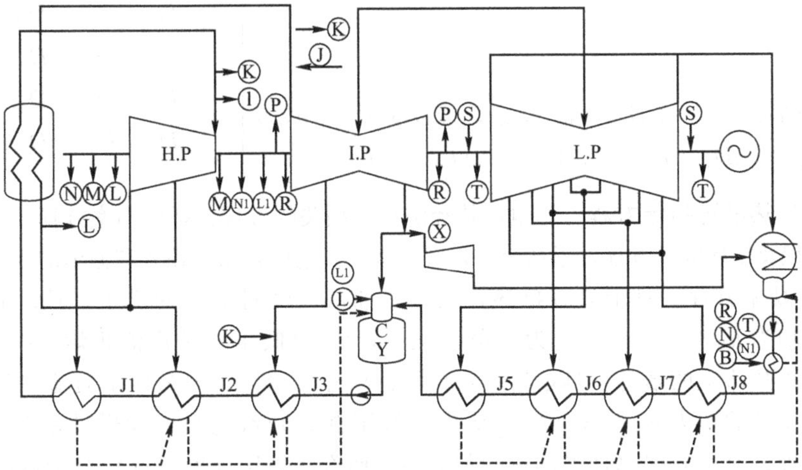

图 6-2　大唐盘山电厂 600MW 机组热力系统图

此外，为叙述方便、结果简洁，还定义了以下术语。

① 抽汽放热量　对于疏水自流表面式加热器，$q_i = h_i - h_{di}$；对于汇集式加热器，$q_i = h_i - h_{w(i+1)}$；

② 疏水放热量　对于疏水自流表面式加热器，$\gamma_i = h_{d(i-1)} - h_{di}$；对于汇集式加热器，$\gamma_i = h_{d(i-1)} - h_{w(i+1)}$；

③ 给水比焓升　$\tau_i = h_{wi} - h_{w(i+1)}$。

按照构造原则，盘山电厂 3 号机组热力系统（参考图 6-2）的状态方程如下式所示，方程可简记为：$[A][D]+[Q_f]=[Q_\tau]$。该状态方程的结构与系统的结构相同，根据系统图可直接写出状态方程。

$$
\begin{bmatrix}
q_1 & & & & & & & \\
\gamma_2 & q_2 & & & & & & \\
\gamma_3 & \gamma_3 & q_3 & & & & & \\
\gamma_4 & \gamma_4 & \gamma_4 & q_4 & & & & \\
\tau_5 & \tau_5 & \tau_5 & \tau_5 & q_5 & & & \\
\tau_6 & \tau_6 & \tau_6 & \tau_6 & \gamma_6 & q_6 & & \\
\tau_7 & \tau_7 & \tau_7 & \tau_7 & \gamma_7 & \gamma_7 & q_7 & \\
\tau_8 & \tau_8 & \tau_8 & \tau_8 & \gamma_8 & \gamma_8 & \gamma_8 & q_8
\end{bmatrix}
\begin{bmatrix}
D_1 \\ D_2 \\ D_3 + D_{fk} \\ D_4 - D_{fx} + D_{fl} + D_{fl1} \\ D_5 \\ D_6 \\ D_7 \\ D_8
\end{bmatrix}
+
$$

$$\begin{bmatrix} 0 \\ 0 \\ D_{fk}(h_{fk}-h_3) \\ D_{fl}(h_{fl}-h_4)+D_{fl1}(h_{fl1}-h_4)-D_x(h_x-h_4) \\ 0 \\ 0 \\ 0 \\ D_{fb}(h_{fb}-h_{wc})+D_{fn}(h_{fn}-h_{wc})+2D_{fR}(h_{fR}-h_{wc}) \\ +2D_{fT}(h_{fT}-h_{wc})+D_{fN1}(h_{fN1}-h_{wc}) \end{bmatrix} = \begin{bmatrix} (D_0+D_{bl}-D_{ss})\tau_1 \\ (D_0+D_{bl}-D_{ss})\tau_2 \\ (D_0+D_{bl}-D_{ss})\tau_3 \\ (D_0+D_{bl}+D_{rs})\tau_4 \\ (D_0+D_{bl}+D_{rs})\tau_5 \\ (D_0+D_{bl}+D_{rs})\tau_6 \\ (D_0+D_{bl}+D_{rs})\tau_7 \\ (D_0+D_{bl}+D_{rs})\tau_8 \end{bmatrix}$$

(2) 热经济指标方程 与电厂热经济指标相关的方程包括内功率方程、工质吸热量方程及循环效率方程，用系统工程观点叙述，它们是系统输入和输出的函数。

① 功率方程 对于只有再热，无回热抽汽及轴封漏汽的机组，1kg 主蒸汽所做的功为 $h_0+\sigma-h_c$，h_0 为主蒸汽比焓，h_c 为低压缸排汽滞止焓，σ 为 1kg 工质在再热器中的焓升。1kg 蒸汽从高压缸离开汽轮机，因为该工质流未经过再热器，少做的功为 $h_{xi}+\sigma-h_c$，从中、低压缸离开汽轮机，少做的功为 $h_{xi}-h_c$；同理，对于有回热抽汽的汽轮机，1kg 抽汽从高压缸离开汽轮机少做的功为 $h_i+\sigma-h_c$，从中、低压缸离开汽轮机少做的功为 h_i-h_c。记为：

从高压缸离开 $\tilde{h}_{xi}^{\sigma}=h_{xi}+\sigma-h_c$，$\tilde{h}_i^{\sigma}=h_i+\sigma-h_c$；

从中低压缸离开 $\tilde{h}_{xi}^{\sigma}=h_{xi}-h_c$，$\tilde{h}_i^{\sigma}=h_i-h_c$。

则内部功率方程可写为 $P_N=D_0(h_0+\sigma-h_c)-\sum D_i\tilde{h}_i^{\sigma}-\sum D_{xi}\tilde{h}_{xi}^{\sigma}$，

或者 $P_N=D_0(h_0+\sigma-h_c)-[D_i]^T[\tilde{h}_i^{\sigma}]-[D_{xi}]^T[\tilde{h}_i^{\sigma}]$

特别注意，离开汽轮机时 D_{xi} 取正值，进入汽轮机时 D_{xi} 取负值。再热器喷水减温水进入中压缸应以负值计入 D_{xi} 内。由于在状态方程中，D_i 已经计入从 i 级加热器抽汽管路离开的辅助蒸汽 D_{fi} 项，因此在 $[D_{xi}]^T$ $[\tilde{h}_i^{\sigma}]$ 中不再包括 D_{fi} 项。

② 工质吸热量方程 由锅炉工质的能量平衡得工质锅炉吸热量方程下式所示：

$$Q_0=D_0(h_0+\sigma-h_{fw})-[D_r]_l^T[\sigma]_l-[D_{xi}]_k^T[\sigma]_k+D_{bl}(h_{bl}-h_{fw}) +D_{ss}(h_{fw}-h_{ss})+D_{rs}(h_{rh}-h_{rs})+D_1(h_1-h_{fw}) \tag{6-1}$$

式中 D_{ss}——过热蒸汽喷水减温水量，

h_{ss}——过热器喷水减温水焓，kJ/kg；

D_r——再热蒸汽流量，它等于主蒸汽流量减去高压缸的抽汽量及从高压缸离开的其他辅助汽量，即 $D_r=D_0-\sum_{i=1}^{l}D_i-\sum_{j=1}^{k}D_{xj}$；

D_{rs}——再热器减温喷水量，

h_{rh}——再热器喷水减温后的焓值，kJ/kg；

h_{rs}——再热器减温水焓，kJ/kg。

式中，l 为再热冷段主加热器个数，对于图 6-1 所示的热力系统，$l=2$；k 是从主汽门到再热冷段之间离开系统的辅助汽流的个数。

③ 热经济指数

工质热功转换效率　　　$\eta_i=P/Q_0$；

发电热耗率　　　$q=3600/(\eta_b\eta_i\eta_m\eta_g)$　　g/(kW·h)；

发电标准煤耗率　　　$b_s=122.835/(\eta_b\eta_i\eta_m\eta_g)$　　g(标煤)/(kW·h)

其中 η_b、η_m、η_g 分别为锅炉效率、机械效率、发电机效率。

我们把热力系统状态方程、功率方程、吸热量方程及热经济指标方程合在一起称为火电厂热力系统热经济性状态方程，其中热力系统状态方程是核心。

用状态方程计算热经济性指标，其结果与传统计算方法相同。该方程用于电厂热力系统热经济性在线监测，它容易自动生成，而且因为采用测量精度较高的热力系统状态参数为计算数据，可避免传统的（ASME 标准）采用以测量主蒸汽流量为基础计算热耗引起的误差，因为在实用工况范围内主蒸汽流量表计误差较大，低负荷运行时可达 5%，发电标准煤耗误差可达 18g/(kW·h)。本文提供的状态方程不仅可直接用于计算系统的热经济性指标，而且由于它是解析的，因此可以进行系统的分析与综合。若将方程中的热力系统状态参数看作变量，还可用它进行系统变工况研究，全面分析查找电厂系统、设备及环境改变等因素对热经济性的影响。

6.2 等效焓降法在热力系统分析中的应用

6.2.1 等效焓降的定义

对于纯凝汽式汽轮机（见图 6-3），1kg 新蒸汽所做的功等于它的焓降，即

$$h=h_{ms}-h_c$$

对于回热抽汽式汽轮机（见图 6-4），1kg 新蒸汽所做的功为

$$h=(h_{ms}-h_s)-a_1(h_1-h_c)-a_i(h_i-h_c)-L-a_z(h_z-h_c)$$

$$=(h_{ms}-h_c)-\sum_{i=1}^{z}a_i(h_i-h_z) \qquad (6\text{-}2)$$

式中　h——新蒸汽所做的功，kJ/kg；

h_{ms}——新蒸汽焓，kJ/kg；

h_c——汽轮机的排汽焓，kJ/kg；

h_i——汽轮机第 i 级抽汽焓，kJ/kg；

z——抽汽总级数；

a_i——抽汽份额，%。

显然对于回热抽汽式汽轮机来说，1kg 新蒸汽所做的功小于纯凝汽式汽轮机。但它们都是 1kg 新蒸汽所做的功，为了区别于纯凝汽式汽轮机的直接焓降，我们将 $(h_{\text{ms}}-h_{\text{c}})-\sum_{i=1}^{z}a_i(h_i-h_z)$ 称为等效焓降。

等效焓降的意义：1kg 新蒸汽在回热式汽轮机中所做的功，等效于 $\left(1-\sum_{i=1}^{z}a_i\dfrac{h_i-h_{\text{c}}}{h_{\text{ms}}-h_{\text{c}}}\right)$ kg 新蒸汽直达凝汽器的焓降。

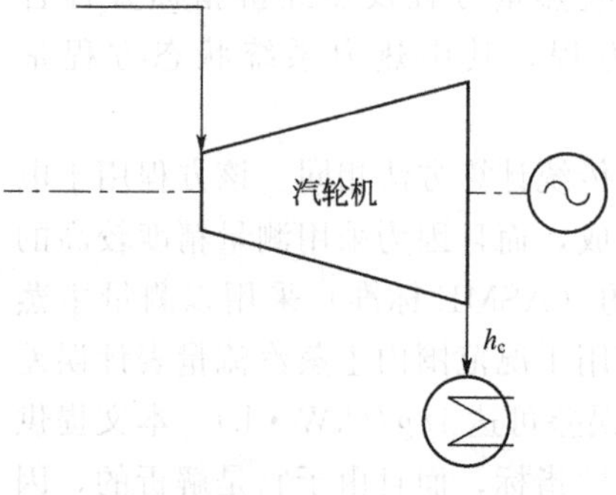

图 6-3　纯凝汽式汽轮机蒸汽焓降

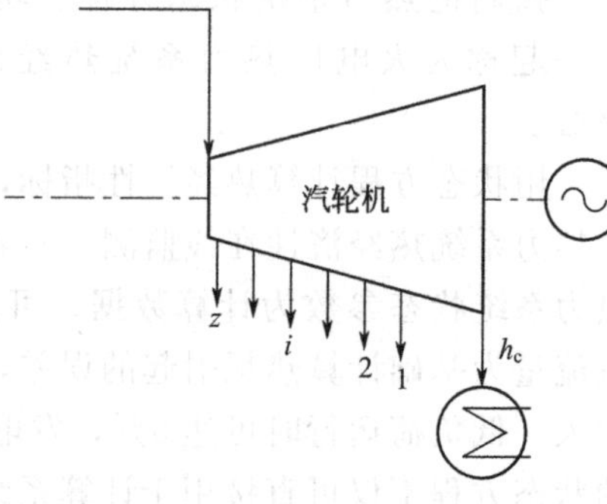

图 6-4　回热抽汽式汽轮机蒸汽焓降

6.2.2　加热器工质的焓升

等效焓降法将加热器分成两类：一类是疏水自流式加热器，它们属于表面式加热器，其疏水方式为逐级自流到下一级，如图 6-5 所示；另一类是疏水汇集式加热器，它们属于混合式加热器或带疏水泵的表面式加热器，其疏水汇集于本级加热器的进口或出口，如图 6-6 所示。

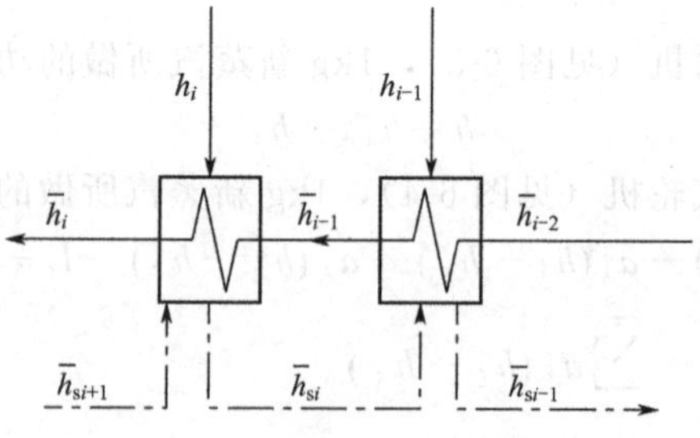

图 6-5　疏水自流式加热

如果给水在加热器中的焓升以 Δh_i 表示，按加热器编号分别表示为 Δh_1，Δh_2，…，Δh_i，Δh_z；蒸汽在加热器中的放热量用 q_i 表示，按加热器编号分别

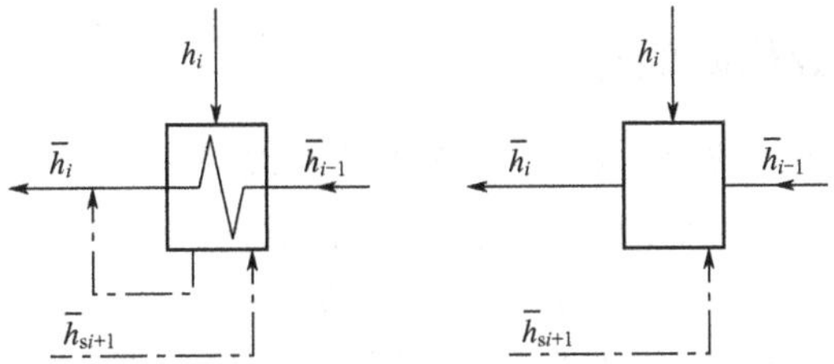

图 6-6　疏水汇集式加热器

表示为 q_1，q_2，…，q_z；疏水在加热器中的放热量用 $\bar{q}_{s1}$，$\bar{q}_{s2}$，…，$\bar{q}_{sz}$ 表示，按加热器编号分别表示为 $\bar{q}_{s1}$，$\bar{q}_{s2}$，…，$\bar{q}_{sz}$。

则对于疏水自流式加热器，存在下列关系：

$$\Delta h_i=\bar{h}_i-\bar{h}_{i-1} \tag{6-3}$$

$$q_i=h_i-\bar{h}_{si}$$

$$\bar{q}_{si}=\bar{h}_{si+1}-\bar{h}_{si}$$

式中　Δh_i——给水在 i 级加热器中的焓升，kJ/kg；

q_i——蒸汽在 i 级加热器中释放出的热量，kJ/kg；

$\bar{q}_{si}$——疏水在 i 级加热器中释放出的热量，kJ/kg；

$\bar{h}_i$、$\bar{h}_{i-1}$——第 i 级加热器出口水焓、进口水焓，kJ/kg；

h_i——第 i 级加热器的抽汽焓，kJ/kg；

$\bar{h}_{si+1}$——第 $i+1$ 级加热器排出疏水的焓，kJ/kg；

$\bar{h}_{si}$——第 i 级加热器排出疏水的焓，kJ/kg。

对于疏水汇集式加热器，存在下列关系：

$$\Delta h_i=\bar{h}_i-\bar{h}_{i-1} \tag{6-4}$$

$$q_i=h_i-\bar{h}_{i-1}$$

$$\bar{q}_{si}=\bar{h}_{si+1}-\bar{h}_{i-1}$$

6.2.3　循环吸热量与给水泵的焓升

工质循环吸热量的计算公式为

$$Q_0=h_{ms}-h_{fw}+a_{rh}(h_{rhr}-h_{rhl}) \tag{6-5}$$

式中　Q_0——工质的循环吸热量，kJ/kg；

h_{ms}——新蒸汽的初焓，kJ/kg；

a_{rh}——再热蒸汽份额；

h_{rhr}——再热蒸汽热端焓，kJ/kg；

h_{rhl}——再热蒸汽冷端焓，kJ/kg；

h_{fw}——锅炉给水焓，kJ/kg。

6.2.4 抽汽等效焓降的计算

假定 HTR1 加热器获得热量 q_1，恰使其抽汽减少 1kg，则该排挤蒸汽返回汽轮机中继续做功，其等效焓降等于它的实际焓降，即

$$h_{1,\mathrm{eq}}=h_1-h_\mathrm{c} \tag{6-6}$$

式中 $h_{1,\mathrm{eq}}$——第一段抽汽的等效焓降，kJ/kg；

h_1——第一段抽汽的焓值，kJ/kg；

h_c——汽轮机的排汽焓，kJ/kg。

HTR2 加热器如果获得热量 q_2，恰使其抽汽减少 1kg，这时进入 HTR1 加热器中的疏水也相应减少 1kg（参见图 6-7），因而疏水在 HTR1 加热器中的放热量将减少 $\overline{q}_{\mathrm{s1}}$。为了补偿这个加热不足，HTR1 加热器抽汽将增加

$$\alpha_{12}=\frac{\overline{q}_{\mathrm{s1}}}{q_1}$$

余下的排挤抽汽（$1-\alpha_{12}$）将直达凝汽器，因此第二段抽汽的等效焓降为

$$h_{2,\mathrm{eq}}=(h_2-h_c)-\alpha_{12}(h_1-h_c)=h_2-h_\mathrm{c}-\frac{\overline{q}_{\mathrm{s1}}}{q_1}h_{1,\mathrm{eq}}$$

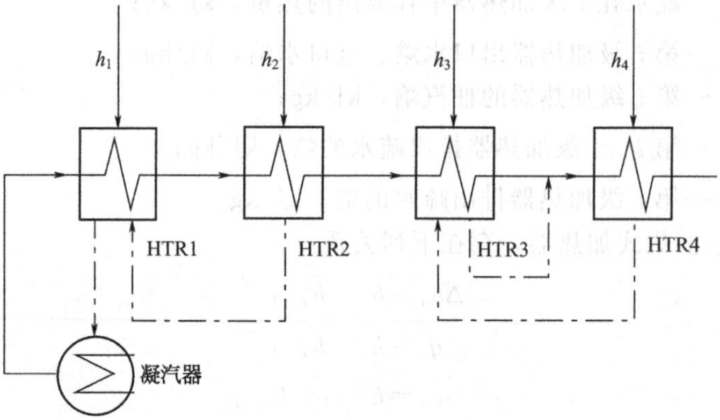

图 6-7 机组局部热力系统

HTR3 加热器如果获得热量 q_3，恰使其抽汽减少 1kg，该排挤抽汽的一部分将做功到 HTR1 和 HTR2 加热器抽汽口后被抽出，用以加热 1kg 增加的凝结水，剩余的排挤抽汽将直达凝汽器。HTR3 加热器由于排挤 1kg 抽汽，经过不同途径最终将变为凝结水而汇集于凝汽器，使主凝结水增添了 1kg，因而 HTR2 加热器的抽汽将增加

$$\alpha_{23}=\frac{\Delta h_2}{q_2}$$

式中 α_{23}——排挤 HTR3 加热器 1kg 抽汽中分配到 HTR2 加热器中的份额；

q_2——HTR2 加热器抽汽的放热量，kJ/kg。

同理，增添的1kg主凝结水也将流过HTR1加热器，而且HTR2加热器增加的抽汽份额a_{23}，其疏水将在HTR1加热器中释放热量$a_{23}\overline{q}_{s1}$，因此HTR1加热器的抽汽将增加

$$a_{13}=\frac{\Delta h_1-a_{23}\overline{q}_{s1}}{q_1}=\frac{\Delta h_1}{q_1}-\frac{\Delta h_2}{q_2}\times\frac{\overline{q}_{s1}}{q_1}$$

因此第三段抽汽的等效焓降（即由于在HTR1和HTR2加热器中增加了抽汽份额，并产生了做功不足，HTR3加热器排挤1kg抽汽返回汽轮机所做的功）为

$$h_{3,eq}=(h_3-h_c)-a_{23}(h_2-h_c)-a_{13}(h_1-h_c)$$

代入各抽汽份额计算公式并化简得

$$h_{3,eq}=(h_3-h_c)-\frac{\Delta h_2}{q_2}(h_2-h_c)-\left(\frac{\Delta h_1}{q_1}-\frac{\Delta h_2}{q_2}\times\frac{\overline{q}_{s1}}{q_1}\right)$$

$$(h_1-h_c)=(h_3-h_c)-\frac{\Delta h_2}{q_2}h_{2,eq}-\frac{\Delta h_1}{q_1}h_{1,eq}$$

如果HTR4加热器获得热量q_4，将产生1kg排挤抽汽，该排挤抽汽的一部分分配在HTR1、HTR2和HTR3加热器中，剩余的排挤抽汽将直达凝汽器。由于排挤1kg抽汽，HTR4加热器排出的疏水也相应减少1kg，因而疏水在HTR3加热器中的放热量将减少$\overline{q}_{s3}$，为了补偿这个加热不足，HTR3加热器的抽汽将增加

$$a_{34}=\frac{\overline{q}_{s3}}{q_3}$$

排挤抽汽的剩余部分（$1-a_{34}$），经过不同途径最终变为凝结水而汇集于凝汽器，使主凝结水增添了（$1-a_{34}$）kg，因而HTR2加热器的抽汽将增加

$$a_{24}=\frac{(1-a_{34})\Delta h_2}{q_2}=\frac{\Delta h_2}{q_2}-\frac{\Delta h_2}{q_2}\times\frac{\overline{q}_{s3}}{q_3}$$

同理，增添的（$1-a_{34}$）kg主凝结水也将流过HTR1，而且HTR2加热器增加的抽汽份额a_{24}，其疏水将在HTR1加热器中放出热量$a_{24}\overline{q}_{s1}$，因此HTR1加热器的抽汽将增加

$$a_{14}=\frac{(1-a_{34})\Delta h_1-a_{24}\overline{q}_{s1}}{q_1}=\frac{\Delta h_1}{q_1}-\frac{\Delta h_1}{q_1}\times\frac{\overline{q}_{s3}}{q_3}-\frac{\Delta h_2}{q_2}\times\frac{\overline{q}_{s1}}{q_1}-\frac{\Delta h_2}{q_2}\times\frac{\overline{q}_{s3}\overline{q}_{s1}}{q_3q_1}$$

因此第四段抽汽的等效焓降为

$$\begin{aligned}h_{4,eq}&=(h_4-h_c)-a_{34}(h_3-h_c)-a_{24}(h_2-h_c)-a_{14}(h_1-h_c)\\&=(h_4-h_c)-\frac{q_{s3}}{q_3}h_{3,eq}-\frac{\Delta h_2}{q_2}h_{2,eq}-\frac{\Delta h_1}{q_1}h_{1,eq}\end{aligned}$$

依次类推，第i段抽汽等效焓降为

$$h_{i,eq}=(h_i-h_c)-\sum_{j=1}^{i-1}\frac{A_j}{q_j}h_{j,eq} \tag{6-7}$$

式中　A_j——取$\overline{q}_{si}$，根据加热器形式而定 Δh_i；

j——加热器 i 后一级的压力抽汽脚码。

如果加热器是汇集式，等效焓降中的该加热器对应项 A_j 则用疏水在加热器中释放出的热量$\overline{q}_{si}$替代，否则用替代 Δh_i。

各抽汽等效焓降计 $h_{1,eq}$算出后，与其加入热量之比，叫做抽汽效率，即

$$\eta_i=\frac{h_{i,eq}}{q_i}$$

因此第 i 段抽汽等效焓降为

$$h_{i,eq}=(h_i-h_c)-\sum_{j=1}^{i-1}\eta_j A_j$$

6.2.5　等效焓降法应用举例

【例 6-1】 已知：引进型 300MW 再热抽汽机组额定工况下的热力平衡图（制造厂必须提供的基础资料，本图只摘取其中的给水加热器部分和主蒸汽部分的数据）如图 6-8 所示。

机组额定功率 $P_N=300$MW，额定压力 $p_{ms}=16.7$MPa，额定温度 $t_{ms}=538$℃，主蒸汽流量 $G_{ms}=907.03$t/h，给水温度 $t_{fw}=273.8$℃，再热蒸汽流量 $G_{rh}=745.349$t/h，再热蒸汽压力 $p_{rh}=3.21$MPa，再热蒸汽温度 $t_{rh}=538$℃，锅炉效率 $\eta_{bl}=0.925$，管道效率 $\eta_{gb}=0.99$。

求：额定工况下，机组各部分汽、水流量和各项热经济指标。

解： 根据热平衡图知：$h_{ms}=3397.2$kJ/kg，$h_{fw}=1200.8$kJ/kg，再热蒸汽热端焓 $h_{rhr}=3539.1$kJ/kg，再热蒸汽冷端焓 $h_{rhl}=h_7=3023.6$kJ/kg。抽汽焓分别为：$h_1=2492.4$kJ/kg，$h_2=2656.7$kJ/kg，$h_3=2757.0$kJ/kg，$h_4=2935.1$kJ/kg，$h_5=3131.4$kJ/kg，$h_6=3331.4$kJ/kg，$h_7=3023.6$kJ/kg，$h_8=3140.8$kJ/kg。

高、低压加热器出口水焓值：$\overline{h}_1=238.5$kJ/kg，$\overline{h}_2=362.1$kJ/kg，$\overline{h}_3=433.5$kJ/kg，$\overline{h}_4=559.3$kJ/kg，$\overline{h}_5=733.7$kJ/kg，$\overline{h}_6=858.8$kJ/kg，$\overline{h}_7=1049.0$kJ/kg，$\overline{h}_8=1200.8$kJ/kg。加热器排出疏水的焓值：$\overline{h}_{s1}=163.7$kJ/kg，$\overline{h}_{s2}=260.3$kJ/kg，$\overline{h}_{s3}=384.1$kJ/kg，$\overline{h}_{s4}=455.8$kJ/kg，$\overline{h}_{s5}=0$kJ/kg，$\overline{h}_{s6}=747.3$kJ/kg，$\overline{h}_{s7}=875.8$kJ/kg，$\overline{h}_{s8}=1073.4$kJ/kg。汽轮机的排汽焓 $h_c=2343.3$kJ/kg，凝结水焓 $h_{c0}=136.3$kJ/kg；给水泵的焓升 $h_b=733.7-709.9=23.8$kJ/kg。

（1）热耗率的计算

再热蒸汽份额为

$$a_{rh}=\frac{G_{rh}}{G_{ms}}=\frac{745349}{907030}=0.82175$$

1kg 再热蒸汽在再热器中的吸热量为

$$q_{rh}=h_{rhr}-h_{rhl}=3539.1-3023.6=515.5\text{kJ/kg}$$

汽耗率为

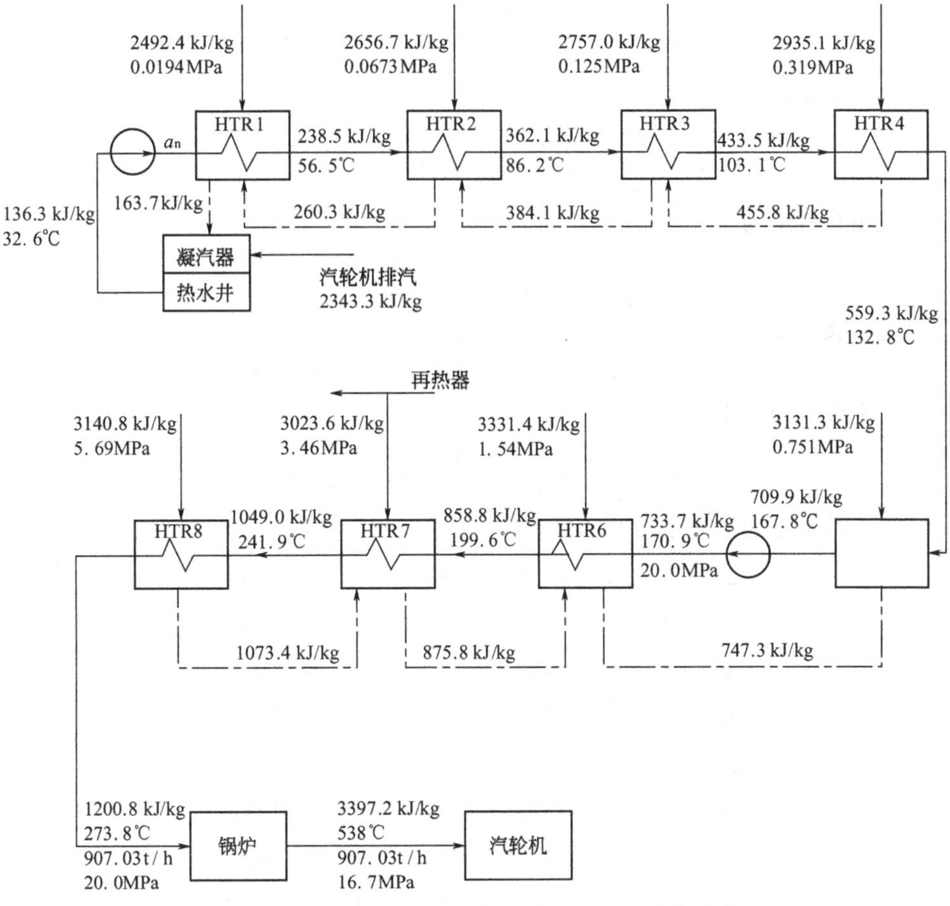

图 6-8　引进型 300MW 机组额定工况下的热力平衡

$$d=\frac{G_{ms}}{P_N}=\frac{907030}{300000}=3.0234[kg/(kW \cdot h)]$$

汽轮机总的吸热量为

$$Q_0=(h_{ms}-h_{fw}+a_{eh}q_{rh})=3397.2-1200.8+0.82175\times515.5=2620.01kJ/kg$$

热耗率为

$$q=dQ_0=3.0234\times2620.01=7921.3[kg/(kW \cdot h)]$$

新蒸汽等效焓降 h_{eq} 实际上就是 1kg 新蒸汽实际做的功 P_{ip}，已知主蒸汽流量为

$$G_{ms}=907030kg/h=251.953kg/s$$

由于 $G_{ms}=\dfrac{P_N}{P_{ip}\eta_m\eta_g}$，且对于大型机组，机械效率和发电机效率乘积约为 99%，因此新汽等效焓降约为

$$h_{eq}=P_{ip}=\frac{P_N}{G_{ms}\eta_m\eta_g}=\frac{300000}{251.953\times0.99}=1202.73kJ/kg$$

（2）机组热效率和标准发电煤耗率的计算

$$\eta_{ai}=\frac{h_{eq}}{Q_0}=\frac{1212.73}{2620.01}=0.4591=45.91\%$$

机组绝对内效率

$$\eta_{ai}=\frac{h_{eq}}{Q_0}=\frac{1202.73}{2620.01}=0.4591=45.91\%$$

机组热效率为

$$\eta=\frac{3600}{q}=\frac{3600}{7291.3}=0.4545=45.45\%$$

电厂热效率为

$$\eta_{cp}=\eta_{gb}\eta_{bl}\eta=0.99\times0.925\times0.4545=0.4162$$

标准发电煤耗率为

$$b=\frac{3600\times1000}{29308\eta_{cp}}=\frac{122.833}{0.4162}\times295.13\text{g/(kW}\cdot\text{h)}$$

(3) 给水在加热器中焓升的计算

$$\Delta h_1=\bar{h}_1-h_{c0}=238.5-136.3=102.2\text{kJ/kg}$$

$$\Delta h_2=\bar{h}_2-\bar{h}_1=362.1-238.5=123.6\text{kJ/kg}$$

$$\Delta h_3=\bar{h}_3-\bar{h}_2=433.5-362.1=71.4\text{kJ/kg}$$

$$\Delta h_4=\bar{h}_4-\bar{h}_3=559.3-433.5=125.8\text{kJ/kg}$$

$$\Delta h_5=\bar{h}_5-\bar{h}_4=733.7-559.3=174.4\text{kJ/kg}$$

$$\Delta h_6=\bar{h}_6-\bar{h}_5=838.8-733.7=125.1\text{kJ/kg}$$

$$\Delta h_7=\bar{h}_7-\bar{h}_6=1049-858.8=190.2\text{kJ/kg}$$

$$\Delta h_8=\bar{h}_8-\bar{h}_7=1200.8-1049=151.8\text{kJ/kg}$$

求解给水在加热器中的焓升时，为了使整个计算更为简明，应把系统的各种附加成分，如轴封蒸汽的利用、抽汽加热器、轴封加热器、泵的焓升等，分别归并入相应的加热器内，一律不再单独看待。就是说把加热器及其附加成分视为一个加热器整体。其归并的原则是以相邻两个加热器的水侧出口为界限，凡在此界限内的一切附加成分都应归并到界限内的加热器中，以减少热平衡方程个数。

(4) 蒸汽在加热器中释放出热量的计算

$$q_1=h_1-h_{c0}=2492.4-136.3=2356.1\text{kJ/kg}$$

$$q_2=h_2-\bar{h}_{s2}=2656.7-136.3=2356.1\text{kJ/kg}$$

$$q_3=h_3-\bar{h}_{s3}=2757.0-260.3=2396.4\text{kJ/kg}$$

$$q_4=h_4-\bar{h}_{s4}=2953.1-455.8=2479.3\text{kJ/kg}$$

$$q_5=h_5-\bar{h}_4=3131.3-559.3=2572\text{kJ/kg}$$

$$q_6=h_6-\bar{h}_{s6}=3331.4-747.3=2584.1\text{kJ/kg}$$

$$q_7=h_7-\bar{h}_{s7}=3023.6-875.8=2147.8\text{kJ/kg}$$

$$q_8=h_8-\overline{h}_{s8}=3140.8-1073.4=2067.4\text{kJ/kg}$$

如果最接近凝汽器的一级加热器疏水自流到凝汽器内部，则该级加热器属于疏水自加热器，如果疏水自流到凝汽器热水井或凝结水泵入口处，由于疏水热量得以返回系统属于疏水汇集式加热器（如图 6-8 的第 1 级加热器 HTR1）。锅炉视为汇集式加热器。

求解蒸汽在加热器中释放出热量时，对于疏水汇集式加热器，如 HTR1，凝汽器的水焓 h_{c0} 就是加热器 HTR1 的疏水焓 $\overline{h}_0$；对于 HTR5，由于是混合式除氧器，因此属于汇集式加热器。

（5）疏水在加热器中释放出热量的计算

$$\overline{q}_{s1}=\overline{h}_{s2}-h_{c0}=260.3-136.3=124.0\text{kJ/kg}$$

$$\overline{q}_{s2}=\overline{h}_{s3}-\overline{h}_{s2}=384.1-260.3=123.8\text{kJ/kg}$$

$$\overline{q}_{s3}=\overline{h}_{s4}-\overline{h}_{s3}=455.8-384.1=71.7\text{kJ/kg}$$

$$\overline{q}_{s5}=\overline{h}_{s6}-\overline{h}_{4}=747.3-559.3=188\text{kJ/kg}$$

$$\overline{q}_{s6}=875.8-747.3=128.5\text{kJ/kg}$$

$$\overline{q}_{s7}=1073.4-875.8=197.6\text{kJ/kg}$$

（6）抽汽份额（不考虑加热器散热损失和轴封加热器抽汽）的计算

$$a_8=\frac{\Delta h_8}{q_8}=\frac{151.8}{2067.4}=0.07343$$

$$a_7=\frac{\Delta h_7-a_8\overline{q}_{s7}}{q_7}=\frac{190.2-1.07343\times197.6}{2147.8}=0.08180$$

$$a_6=\frac{\Delta h_6-(a_8+a_7)\overline{q}_{s6}-h_b}{q_6}=\frac{125.1-(0.07343+0.0818)\times128.5-23.8}{2584.1}$$

$$=0.03148$$

$$a_5=\frac{\Delta h_5-(a_8+a_7+a_6)\overline{q}_{s5}}{q_5}=\frac{174.4-(0.07343+0.0818+0.03148)\times188}{2572}$$

$$=0.05416$$

流经加热器的给水的份额

$$a_H=1-a_8-a_7-a_6-a_5=0.75913$$

$$a_4=\frac{a_H\Delta h_4}{q_4}=\frac{0.07343\times125.8}{2479.3}=0.03852$$

$$a_3=\frac{a_H\Delta h_3-a_4\overline{q}_{s3}}{q_3}=\frac{0.75913\times71.4-0.03852\times71.7}{2372.9}=0.02168$$

$$a_2=\frac{a_H\Delta h_2-(a_4+a_3)\overline{q}_{s2}}{q_2}=\frac{0.759\times123.6-(0.03852+0.02168)\times123.8}{2396.4}$$

$$=0.03604$$

最初一级低压加热器进口主凝水的份额为

$$a_{nn}=a_H-(a_2+a_3+a_4)=0.66289$$

$$a_1=\frac{a_{nn}\Delta h_1}{q_1}=\frac{0.66289\times 102.2}{2356.1}0.02875$$

主凝结水的份额为

$$a_n=a_{nn}-a_1=0.63414$$

再热蒸汽的份额为

$$a_{rh}=1-a_8-a_7=0.8448$$

由于没有计入轴封抽汽份额，所以再热蒸汽的份额计算值比实际值偏大。

(7) 等效焓降的计算

$$h_{1eq}=h_1-h_c=2492.4-2343.3=149.1\text{kJ/kg}$$

$$\eta_1=\frac{h_{1eq}}{q_1}=\frac{149.1}{2356.1}=0.06328$$

$$h_{2,eq}=h_2-h_1+h_{1,eq}-\eta_1\bar{q}_{s1}=2656.7-2492.4+149.1-0.06328\times 124.0=505.55$$

$$\eta_2=\frac{h_{2.eq}}{q_2}=\frac{305.55}{2396.4}=0.12750$$

$$h_{3,eq}=h_3-h_2+h_{2,eq}-\eta_2\bar{q}_{s2}=2757.0-2656.7+305.55-0.1275\times 123.8=390.08$$

$$\eta_3=\frac{h_{3,eq}}{q_3}=\frac{390.08}{2372.9}=0.16439$$

$$h_{4,eq}=h_4-h_3+h_{3,eq}-\eta_3\bar{q}_{s3}=2935.1-2757+390.07-0.16439\times 71.7$$
$$=556.38$$

$$\eta_4=\frac{h_{4,eq}}{q_4}=\frac{556.38}{2479.3}=0.22441$$

$$h_{5,eq}=h_5-h_4+h_{4,eq}-\eta_4\Delta h_4=3131.4-2935.1+556.38-0.22441\times 125.8$$
$$=724.45$$

$$\eta_5=\frac{h_{5,eq}}{q_5}=\frac{724.45}{2572}=0.28167$$

$$h_{6,eq}=h_6-h_5+h_{4,eq}-\eta_5\bar{q}_{s5}=3331.4-3131.4+724.45-0.28167\times 188=871.50$$

$$\eta_6=\frac{h_{6,eq}}{q_6}=\frac{871.50}{2584.1}=0.33725$$

$$h_{7,eq}=h_7-h_6+q_{rh}+h_{6,eq}-\eta_6\bar{q}_{s6}=3032.6-3331.4+515.5+871.5-$$
$$0.33725\times 128.5=1035.86$$

$$\eta_7=\frac{h_{7,eq}}{q_7}=\frac{1035.86}{2147.8}=0.48229$$

$$h_{8,eq}=h_8-h_7+h_{7,eq}-\eta_7\bar{q}_{s7}=3140.8-3023.6+1035.86-0.48229\times 197.6$$
$$=1057.759$$

$$\eta_8=\frac{h_{8,eq}}{q_8}=\frac{1057.759}{2067.4}=0.51164$$

6.2.6　应用等效焓降法进行定量分析

如无特殊说明，以下分析实例中用的数据均采用例 6-1 的数据，依据的系统图为图 6-8。

(1) 过热器喷水　过热器喷水调温系统，按减温水来源可分为给水泵出口分流和最高加热器出口分流两种系统，给水分流部分不流经高压加热器，直接送入锅炉过热器，减少回热抽汽，降低回热程度，使热经济性降低；另一种最高加热器出口分流，则不影响热力循环，如果忽略锅炉内部的微小变化，则热经济性无变化

【例 6-2】 过热器喷水来自给水泵出口，从给水泵出口引出给水份额从 $a_{fw}=0$（额定值）到 $a_{fw}=5\%$，去过热器喷水减温，试计算喷水减温对热经济性的影响。

解： 由于喷水减温，分流量 a_{fw} 不经过高压加热器，减少了 HTR8、AHTR7、HTR6、的回热抽汽，做功增加

$$\Delta h=a_{fw}(\Delta h_8\eta_8+\Delta h_7\eta_7+\Delta h_6\eta_6)$$

$$=0.05(151.8\times0.51164+190.2\times0.48229+125.1\times0.33725)=10.579$$

与此同时，新蒸汽的吸热量增加

$$\Delta Q=a_{fw}(\Delta h_8+\Delta h_7+\Delta h_6)=0.05(151.8+190.2+125.1)=23.355$$

因此装置热经济性相对降低

$$\delta\eta=\frac{\Delta Q\eta_{ai}-\Delta h}{h+\Delta h}\times100\%=\frac{23.355\times0.4591-10.579}{1202.73+10.579}\times100\%=0.0118\%$$

式中　Δh——喷水使 1kg 新蒸汽等效焓降增加量，kJ/kg；

h——无喷水减温时 1kg 新蒸汽原来实际做的功，kJ/kg；

ΔQ——喷水使 1kg 新蒸汽吸热增加量，kJ/kg；

η_{ai}——机组绝对内效率，%。

因此煤耗率增加

$$\Delta b=b\delta\eta=295.13\times0.0118\%=0.0348\text{g/(kW}\cdot\text{h)}$$

(2) 锅炉排污

【例 6-3】 已知汽包压力 $p_{bl}=18.23$MPa，排污焓 $h_{bl}=1640$kJ/kg，排污份额从 $a_{bl}=0$（额定值，相对于汽轮机汽耗量）$a_{bl}=1\%$，试计算锅炉排污对热经济性的影响。

解： 连续排污的热水具有较高的温度和压力，排污份额是从补水处开始进入热力系统，三沿凝结水和给水加热路线，经过加热器逐级升温，其做功热损失为 $a_{bl}\sum_{i=1}^{z}(\Delta h_i\eta_i)$ 。该热水继续在锅炉中被加热到汽包压力下的饱和温度 t_{bl}，然后以排污形式排出热系统，所以排污份额引起的新蒸汽等效焓降下降。

$$\Delta h = a_{bl}\sum_{i=1}^{z}(\Delta h_i \eta_i) = 0.01\times(102.2\times0.06328+123.6\times0.1275+71.4\times 0.16439+125.8\times0.22441+174.4\times0.28167+125.1\times0.33725+ 190.2\times0.48229+151.8\times0.51164)=3.2291$$

与此同时，新蒸汽的吸热量增加抽汽在加热

$$\Delta Q = a_{bl} = (h_{bl} - h_{fw}) = 0.01(1640-1200.8) = 4.392$$

汽轮机效率相对降低

$$\delta\eta = \frac{\Delta Q\eta_{ai}+\Delta h}{h-\Delta h}\times100\% = \frac{4.392\times0.4591+3.2291}{1202.73-3.2291}\times100\% = 0.4373\%$$

因此煤耗率增加

$$\Delta b = b\delta\eta = 295.13\times0.4733\% = 1.291\text{g/(kW}\cdot\text{h)}$$

(3) 凝汽器过冷度 凝汽器过冷度将增大冷源损失，降低装置热经济性。假定凝汽器无过冷度时，凝结水温度为 t_{c0}，对应的凝结水焓值为 h_{c0}；当有过冷度时，凝结水温度降低到 t_{c02}，对应的凝结水焓值为 h_{c02}，显然由于过冷度（$t_{c0}-t_{c02}$）的出现，使 HTR1 加热器的耗热量增加 $a_{nn}(h_{c0}-h_{c02})$，抽汽量增加，新蒸汽等效焓降减少

$$\Delta h = a_{nn}(h_{c0}-h_{c02})\eta_1 \tag{6-8}$$

式中 a_{nn}——流经加热器 HTR1 后的主凝结水份额。

如果 HTR1 是汇集式加热器，则过冷度（$t_{c0}-t_{c02}$）还将会影响到 HTR1 段抽汽在加热器 HTR1 中的放热量 q_1，这时 q_1 将变为［$q_1+(h_{c0}-h_{c02})$］，过冷度使新蒸汽等效焓降下降为

$$\Delta h = a_{nn}(h_{c0}-h_{c02})\eta_1\frac{q_1}{q_1+h_{c0}-h_{c02}}$$

【例 6-4】 已知凝汽器凝结水额定温度 $t_{c0}=32.6$℃，对应的凝结水焓值为 $h_{c0}=136.3$kJ/kg，当凝结水温度为 $t_{c0}=27.6$℃（$h_{c02}=115.63$kJ/kg）或 $t_{c0}=22.6$℃（$h_{c02}=94.74$kJ/kg）分别出现 5℃、10℃的过冷度时，试计算过冷度对热经济性的影响。

解： 当出现 5℃过冷度，有

$$\Delta h = a_{nn}(h_{c0}-h_{c02})\eta_1\frac{q_1}{q_1+h_{c0}-h_{c02}}$$

$$=0.66289\times(136.3-115.63)\times0.06328\times\frac{2356.1}{2356.1+136.3-115.63}$$

$$=0.8595$$

装置效率相对降低

$$\delta\eta = \frac{\Delta Q\eta_{ai}+\Delta h}{h-\Delta h}\times100\% = \frac{\Delta h}{h-\Delta h}\times100\%$$

$$=\frac{0.8595}{1202.73-0.8598}\times100\% = 0.0715\%$$

因此煤耗率增加

$$\Delta b = b\delta\eta = 295.13 \times 0.0715\% = 0.211 \mathrm{g/(kW \cdot h)}$$

当出现 10℃过冷度时，有

$$\Delta h = a_{\mathrm{nn}}(h_{\mathrm{c0}} - h_{\mathrm{c02}})\eta_1 \frac{q_1}{q_1 + h_{\mathrm{c0}} - h_{\mathrm{c02}}}$$

$$= 0.66289 \times (136.3 - 94.74) \times 0.06328 \times \frac{2356.1}{2356.1 + 136.3 - 94.74} = 1.713$$

装置效率相对降低

$$\delta\eta = \frac{\Delta Q\eta_{\mathrm{ai}} + \Delta h}{h - \Delta h} \times 100\% = \frac{\Delta h}{h - \Delta h} \times 100\% = \frac{1.713}{1202.73 - 1.713} \times 100\%$$

$$= 0.1426\%$$

因此煤耗率增加：

$$\Delta b = b\delta\eta = 295.13 \times 0.1426\% = 0.4209 \mathrm{g/(kW \cdot h)}$$

(4) 加热器端差　端差的存在和变化，虽然没有发生直接的热损失，但是增加了热交换的不可逆性，产生了额外的冷源损失并降低了装置的热经济性。

当加热器 i（如 HTR3）出现端差（$t_{\mathrm{s}} - t_{\mathrm{w}}$），对应热量损失为（$h_{\mathrm{s}} - h_{\mathrm{w}}$）。也可以认为是 i 级加热器在运行中出现的给水加热不足，显然这个加热不足或端差将使下级 $i+1$ 加热器（如 HTR4）的抽汽位增加（$h_{\mathrm{s}} - h_{\mathrm{w}}$）。该抽汽量的增加将使新蒸汽的做功损失掉（$h_{\mathrm{s}} - h_{\mathrm{w}}$）$\eta_{i+1}$；与此同时，$i$ 级加热器的抽汽量相应减少（$h_{\mathrm{s}} - h_{\mathrm{w}}$），使新蒸汽的做功增加（$h_{\mathrm{s}} - h_{\mathrm{w}}$）$\eta_i$。因此端差（$t_{\mathrm{s}} - t_{\mathrm{w}}$）使新蒸汽等效焓降降低

$$\Delta h = (h_{\mathrm{s}} - h_{\mathrm{w}})(\eta_{i+1} - \eta_i)$$

由此引起装置效率的相对降低为

$$\delta\eta = \frac{\Delta h}{h + \Delta h} \times 100\%$$

① 当加热器 $i+1$ 是汇集型加热器时，加热器 i 出现加热不足（$h_{\mathrm{s}} - h_{\mathrm{w}}$），将使流过加热器 i 中的份额发生变化，变化后的给水份额 α_{A} 为

$$\alpha_{\mathrm{A}} = a_{\mathrm{H}} \frac{q_{i+1}}{q_{i+1} \pm (h_{\mathrm{s}} - h_{\mathrm{w}})} \tag{6-9}$$

式中　a_{H}——变化前的给水份额；

±——当端差增大时取“+”，反之取“－”。

② 最后一个加热器（最高抽汽压力如 HTR8）出现端差（$t_{\mathrm{s}} - t_{\mathrm{w}}$）或加热不足时，这时不仅做功变化，而且还有吸热量变化，因为引起了第 z 段抽汽量的减少，使新蒸汽做功增加

$$\Delta h = (h_{\mathrm{s}} - h_{\mathrm{w}})\eta_z$$

与此同时，由于给水加热最终温度降低，循环吸热量增加

$$\Delta Q = h_{\mathrm{s}} - h_{\mathrm{w}}$$

装置效率的相对降低为

$$\delta\eta=\frac{\eta_2-\eta_{ai}}{\eta_{ai}}\times100\%=\frac{\Delta h-\Delta Q\eta_{ai}}{h-\Delta h}\times100\% \tag{6-10}$$

$$\eta_2=\frac{h-\Delta h}{Q-\Delta Q}$$

式中　η_{ai}——变化前装置绝对内效率，%；

η_2——变化后装置绝对内效率，%。

【例 6-5】 HTR8 加热器抽汽压力为 5.69MPa，抽汽温度 382.4℃，抽汽的饱和温度为 272.11℃（$h_s=1196.00$kJ/kg），给水温度 273.8℃，因此端差为 −1.69℃，当给水温度增加到 268.8℃（$h_w=1179.13$kJ/kg）时，试计算 HTR8 加热器端差对热经济性的影响。

解： 增加 5℃端差，新蒸汽等效焓降下降

$$\Delta h=(h_s-h_w)\eta_8=(1196-1179.13)\times0.51164=8.6314$$

工质循环吸热量减少

$$\Delta Q=h_s-h_w=1196-1179.13=16.87$$

装置效率相对提高

$$\delta\eta=\frac{\Delta h-\Delta Q\eta_{ai}}{h-\Delta h}\times100\%=\frac{8.6314-16.87\times0.4591}{1202.73-8.6314}\times100\%=0.0742\%$$

因此煤耗率增加

$$\Delta b=b\delta\eta=295.13\times0.0742\%=0.219\text{g/(kW·h)}$$

(5) 切除低压加热器　由于除氧器是混合式加热器，为了满足除氧效果的要求，其出口水温必须加热到饱和温度，所以当某个低压加热器 HTR i 停运时，只影响到 HTR $i+1$ 至除氧器的焓升，而不会影响到高压加热器的焓升（此时没有考虑除氧器的加热不足。如果停运低压加热器后，导致除氧器加热不足，则应对除氧器进行传热计算，以确定其出口水温的变化，最后得出对高压加热器的影响）。利用等效焓降理论，可得出 HTR i 低压加热器停运后，新蒸汽作功能力的变化为

$$\Delta h=\sum_{j=i+1}^{5}a_n\Delta h_j(\eta_j-\eta_i) \tag{6-11}$$

式中　a_n——疏水混合前的主凝结水份额；

η_j——加热器 j 的抽汽效率，%；

Δh_j——加热器 j 的焓升，kJ/kg。

装置效率变化

$$\delta\eta=\frac{\Delta h}{h-\Delta h}$$

【例 6-6】 切除 HTR3 低压加热器，试求对发电煤耗的定量影响。

解： 切除 HTR3 低压加热器，则新蒸汽做功能力的变化为

$$\begin{aligned}\Delta h &= a_n[\Delta h_4(\eta_4-\eta_3)+\Delta h_5(\eta_5-\eta_4)]\\ &=0.63414\times[125.8\times(0.22441-0.16439)\\ &\quad+174.4\times(0.28167-0.22441)]=11.121\end{aligned}$$

装置效率变化

$$\delta\eta=\frac{\Delta h}{h-\Delta h}=\frac{11.121}{1202.73-11.121}=0.9333\%$$

$$\begin{aligned}\Delta h=&0.63414\times[102.2\times0.06328+123.6\times(0.1275-0.06328)\\ &+71.4\times(0.16439-0.127.5)+125.8\times(0.22441-0.16439)\\ &+174.4\times(0.28167-0.22441)]=21.926\end{aligned}$$

装置效率变化

$$\delta\eta=\frac{\Delta h}{h-\Delta h}=\frac{21.926}{1202.73-21.926}=1.857\%$$

因此煤耗率增加

$$\Delta b=b\delta\eta=295.13\times1.857\%=5.481\text{g/(kW}\cdot\text{h)}$$

（6）切除高压加热器　由于高压加热器损坏或泄漏，以及检修高压加热器时，可能出现停运高压加热器的工况。按照等效焓降理论，切除最后一个高压加热器时，该加热器所需的全部抽汽热量将返回汽轮机做功，新蒸汽等效焓降增加

$$\Delta h=\Delta h_z-\eta_z \tag{6-12}$$

式中　z——最高抽汽压力的加热器（如 HTR8）序号脚注。

同时，循环吸热量相应增加

$$\Delta Q=\Delta h_z$$

装置效率相对降低

$$\delta\eta=\frac{\Delta Q\eta_{ai}-\Delta h}{h+\Delta h}=\frac{\Delta h_z(\eta_{ai}-\eta_z)}{h+\Delta h}$$

当同时切除 3 个高压加热器（从 6 到 8）时，新蒸汽等效焓降增加

$$\Delta h=\sum_{j=i}^{z}(\Delta h_j\eta_j)$$

同时，工质循环吸热量相应增加

$$\Delta Q=\Delta h_7\left(1+\frac{q_{rh}}{q_7}\right)+\Delta h_8\left[1+\frac{\left(1-\frac{\overline{q}_{s7}}{q_7}\right)q_{rh}}{q_7}\right]+\Delta h_6-h_b \tag{6-13}$$

式中　q_{rh}——1kg 再热蒸汽在再热器中的吸热量；

h_b——给水泵的焓升。

装置效率相对降低

$$\delta\eta=\frac{\Delta Q\eta_{ai}-\Delta h}{h+\Delta h}$$

【例 6-7】 切除高压加热器，试求对发电煤耗的定量影响。

解： 切除最后一个高压加热器 HTR8，则新蒸汽等效焓降增加

$$\Delta h=\Delta h_z\eta_z=151.8\times0.51164=77.667(\text{kJ/kg})$$

循环吸热量相应增加

$$\Delta Q=\Delta h_z=151.8$$

装置相对效率降低

$$\delta\eta=\frac{\Delta h_z(\eta_{ai}-\eta_z)}{h+\Delta h}=\frac{151.8(0.4591-0.51164)}{1202.73+77.667}=0.6229\%$$

因此消耗率增加

$$\Delta b=b\delta\eta=295.13\times0.6229\%=1.84\text{g/(kW}\cdot\text{h)}$$

本例同时切除 HTR7、HTR8 高压加热器，则新蒸汽等效焓降增加

$$\Delta h=\sum_{j=i}^{z}(\Delta h_j\eta_j)=\Delta h_7\eta_7+\Delta h_8\eta_8$$

$$=190.2\times0.48229+151.8\times0.51164=169.399$$

工质循环吸热量相应增加

$$\Delta Q=\Delta h_7\left(1+\frac{q_{rh}}{q_7}\right)+\Delta h_8\left[1+\frac{\left(1-\frac{\bar{q}_{s7}}{q_7}\right)q_{rh}}{q_7}\right]$$

$$=190.2\times\left(1+\frac{515.5}{2147.8}\right)+151.8\times\left[1+\frac{\left(1-\frac{197.6}{2147.8}\right)515.5}{2147.8}\right]=420.73$$

因此消耗率增加

$$\delta\eta=\frac{420.73\times0.4591-169.399}{1202.73+169.399}=1.7315\%$$

即停运 HTR7 时，煤耗增加

$$\Delta b=b\delta\eta=295.13\times1.7315\%=5.111\text{g/(kW}\cdot\text{h)}$$

本例如果同时切除 HTR6、HTR7、HTR8 高压加热器，则新蒸汽等效焓降增加

$$\Delta h=\sum_{j=i}^{z}(\Delta h_j\eta_j)=169.399+125.1\times0.33725=211.589$$

工质循环吸热量相应增加

$$\Delta Q=\Delta h_7\left(1+\frac{q_{rh}}{q_7}\right)+\Delta h_8\left[1+\frac{\left(1-\frac{\bar{q}_{s7}}{q_7}\right)q_{rh}}{q_7}\right]+\Delta h_6=420.73+125.1=545.83$$

装置效率相对降低

$$\delta\eta=\frac{545.83\times0.4591-211.589}{1202.73+211.589}=2.758\%$$

因此三只高压加热器全部停运时，煤耗率增加

$$\Delta b = b\delta\eta = 295.13 \times 2.758\% = 8.140 \text{g}/(\text{kW} \cdot \text{h})$$

(7) 补水　化学补水通常有两种方式：一种是将化学补水直接补入除氧器，另一种是从凝汽器补入。当从凝汽器补入时，化学补水可以在凝汽器中实现初步除氧，当补水温度低于凝汽器排汽温度，且以喷雾状态进入凝汽器喉部时，则可利用冷的补水回收利用一部分排汽废热，改善凝汽器真空。同时，由于补水流经低压加热器，利用低能位抽汽逐级进行加热，减少了高能位的抽汽（与补入除氧器相比），因而提高了装置的热经济性。所以现代大型凝汽式汽轮机组补水一般从凝汽器补入。

$x$kg 补水进入系统顶替 $x$kg 凝结水，获得做功为

$$\Delta h = x \sum_{j=1}^{m} (\Delta h_j \eta_j) \tag{6-14}$$

式中　m——加热器个数。

装置效率变化

$$\delta\eta = \frac{\Delta h}{h + \Delta h}$$

【例 6-8】 设补水率从 1%增加到 2%，试求补水牢增加 Δa_{fw} 对发电煤耗的定量影响。

解： 补水份额增加 Δa_{fw}，则新蒸汽做功能力减少

$$\begin{aligned}\Delta h &= \Delta a_{\text{fw}} \sum_{j=1}^{m} (\Delta h_j \eta_i) \\ &= (0.02 - 0.01) \times (102.2 \times 0.06328 + 123.6 \times 0.1275 + 71.4 \times 0.16439 \\ &\quad + 125.8 \times 0.22441 + 174.4 \times 0.28167 + 148.9 \times 0.33725 \\ &\quad + 190.2 \times 0.48229 + 151.8 \times 0.51164) = 3.3093\end{aligned}$$

装置效率下降

$$\delta\eta = \frac{\Delta h}{h + \Delta h} = \frac{3.3093}{1202.73 + 3.3093} = 0.2744\%$$

因此煤耗率增加

$$\Delta b = b\delta\eta = 295.13 \times 0.2744\% = 0.810 \text{g}/(\text{kW} \cdot \text{h})$$

(8) 再热器喷水　再热器喷水引起热经济性的降低，随着喷水分流地点不同而有差异。再热器喷水分流方式一般有两种：一种是从最高压力加热器出口分流；另一种从给水泵抽头分流。一般情况下后者再热器喷水方式影响热经济性幅度比前者大 22%左右。当给水泵最高压力加热器出口分流，这时再热器喷水不影响回热抽汽，但是由于喷水份额 a_{fw} 产生的气流不经过汽轮机的高压缸而少做功

$$\Delta h = a_{\text{fw}} (h_{\text{ms}} - h_{\text{rh1}})$$

同时，循环吸热量相应下降

$$\Delta Q = a_{\text{fw}} (h_{\text{ms}} - h_{\text{eh1}})$$

再热器喷水引起装置效率相对降低

$$\delta\eta=\frac{\Delta h-\Delta Q\eta_{ai}}{h-\Delta h}$$

因为

$$\Delta h=\Delta Q$$

所以

$$\delta\eta=\frac{\Delta h\,(1-\eta_{ai})}{h-\Delta h}$$

【例 6-9】 当再热器喷水水源从高压加热器出口分流时，喷水份额从 $\alpha_{fw}=0$ 增加到 $\alpha_{fw}=5\%$时，试计算喷水减温对机组热经济性的影响。

解： 新蒸汽的焓降下降

$$\Delta h=\alpha_{fw}(h_{ms}-h_{rh1})=0.05\times(3397.2-3023.6)=18.68$$

循环吸热量降低

$$\Delta Q=\alpha_{fw}(h_{ms}-h_{rh1})=18.68$$

装置效率相对降低

$$\delta\eta=\frac{\Delta h\,(1-\eta_{ai})}{h-\Delta h}=\frac{18.68\times(1-0.4591)}{1202.73-18.68}=0.8533\%$$

因此煤耗率增加

$$\Delta b=b\delta\eta=295.13\times0.8533\%=2.518\text{g/(kW·h)}$$

6.3 耗差分析法

对于火电厂的运行指标分析，在采用“耗差分析方法”之前，我国主要采用“小指标分析法”。该方法以其简单、方便等特点得到了广泛应用。

小指标分析法是把机组热力系统运行的主要可控因素分解成若干单项指标，以设计值或运行先进值作为目标，并以此来评定热力系统运行效率的优劣。在机组担负基本负荷时，小指标分析法是行之有效的。但在机组频繁地参与调峰后，就暴露了它的局限性，即定量分析的结果误差大，准确性不够。小指标分析法是以静止的标准去衡量经常变化的运行工况，小指标考核值只是反映理想工况的目标值。然而热力系统中各个指标间是相互联系并互相影响的，即使每项小指标都压限值运行，也并不一定会取得理想效果。

当机组在调峰运行时，各项参数都有较大的变化。与负荷曲线相对应，各项小指标运行值都成为一条过程曲线。如不考虑机组的运行状态而要求小指标运行值都达到目标值显然是不合理的，因为这往往会导致供电煤耗的上升。例如，低负荷时，机组一般采用变压运行方式，以达到较好的经济性，此时如果片面地追求汽压压红线运行，势必因调速汽门节流损失增大而造成机组运行经济性下降。

对这样一个多变量动态过程仍用小指标考核的管理方法，已经达不到进一步降低煤耗的目的了。另外小指标分析法只有从统计数据中反映出一段时间内机组的经济性，无法实现在线监测，也不能对单项因素的影响进行定量分析。

20 世纪 60 年代加拿大学者提出了“热偏差分析法”，在西欧、北美得到广泛应用。美国 EPRI 编写的《火电厂降低热耗率工作导则》中，将热偏差分析法作为定量分析诊断方法。热偏差分析法基于常规的热力计算方法。自 20 世纪 80 年代起，该方法在我国也开始大量应用。

实际供电煤耗率与设计供电煤耗率之间的差值，称为煤耗差。实际热耗率与设计热耗率之间的偏差，称为热偏差。由于热耗率和煤耗率之间存在显著线性关系，因此热偏差分析法也叫耗差分析法。

煤耗差或热偏差一般由两部分组成：一部分是设计、制造和安装中各种因素的积累，这是先天性缺陷。这些缺陷无法通过运行调整手段进行控制，产生的耗差称为不可控耗差。另一部分是机组在运行中受各种人为因素的影响而产生的，可通过参数调整进行控制的误差，称为可控耗差。

耗差分析法是根据运行参数的实际值与基准值的差值，通过分析计算得出运行指标对机组热耗率或煤耗率的影响程度，从而使运行人员根据这些数量概念，能动地、直观地、分主次地努力减少机组的可控损失。此法也可用来分析运行日报或月报的热经济指标变化趋势和机组能耗情况，以提高计划工作的科学性和热经济指标的技术管理水平。

目前许多电厂通过实时数据采集和计算机去完成耗差分析过程，从而形成了能耗指标在线分析系统。任何时候只要有了实际的运行参数，就可以通过计算得到运行参数偏离基准值的能耗损失量，以便随时指导运行人员进行科学的调整，从而获得更高的运行经济效益。其中，基准值可以根据变工况计算值和机组优化试验确定，也就是可控耗差接近于零的运行参数，因此基准值也叫标准值或目标值。运行参数就是指参与耗差分析的各项小指标，也叫运行值。对不同的负荷点，基准值也不尽相同，因此耗差分析法避免了小指标考核中以一成不变的基准值去衡量随负荷变化的机组经济性参数。而且应用耗差分析法可以很直观地给出各个参数偏离基准值单独造成的煤耗增加值。

6.3.1　耗差分析原理

耗差分析方法可以从数学分析的角度考虑，如果假定某负荷各参数条件下的运行煤耗率为 y，该负荷下影响机组经济性的各个参数或因素分别为 x_1，x_2，…，x_i，…，x_n（包括非运行因素如煤质、进风温度、循环水温度和运行因素如氧量、主蒸汽压力等），则可以把运行煤耗率表示成多元函数，即 $y=f(x_1, x_2, \cdots, x_i, \cdots, x_n)$。

假定各参数之间相互独立，线性无关，且函数连续可导，则煤耗率的全增量

可表示为

$$\Delta y=y_1-y_0=f(x_{11}, x_{21}, \cdots, x_{i1}, \cdots, x_{n1})-f(x_{10}, x_{20}, \cdots, x_{i0}, \cdots, x_{n0})$$

或者 $$\Delta y=\frac{\partial f}{\partial x_1}\Delta x_1+\frac{\partial f}{\partial x_2}\Delta x_2+L+\frac{\partial f}{\partial x_i}\Delta x_i+L+\frac{\partial f}{\partial x_n}\Delta x_n \quad (6\text{-}15)$$

式中 x_{i1}、x_{i0}——分别为第 i 项因素或参数的运行值和基准值；

$\frac{\partial f}{\partial x_i}$——函数 f 沿 x_i 方向的偏导数；

Δx_i——第 i 项因素或参数的增量，$\Delta x_i=x_{i1}-x_{i0}$。

可见在各项参数不相关的前提下，各参数单独变化所造成的煤耗偏差等于煤耗率总偏差。实际运用证明，这种假设是满足工程计算需要的。在实际应用中，我们只需确定不同负荷下各运行参数的基准值及相应的基准煤耗，即 $y_0=f(x_{10}, x_{20}, \cdots, x_{i0}, \cdots, x_{n0})$，当参数发生变化时，变化后的煤耗 $y_1=y_0+\Delta y$ 即可确定。

耗差分析的目的就是：为运行调整或小指标竞赛评比提供依据。用它可以综合分析各项运行小指标对机组经济性能的影响，指导和改进运行操作，对设备节能改造提供参考，促进全厂的节能工作。

运用耗差分析方法对机组运行参数进行分析时，必须掌握的原则是：以每台机组为基础，根据机组表计、数据测试情况，确定参与耗差分析的指标。耗差分析的运行参数或小指标与基准值的偏差不宜过大，否则会造成较大的计算误差。实践证明，各耗差参数与基准值的偏差只要不超过50%，耗差分析结果就准确可靠。耗差分析以同一负荷为基本比较条件，各运行参数基准值和基准煤耗率是负荷的函数。随着运行时间的延长和设备条件的变化，基准值也应不断地进行校正，以保证基准值始终能基本上反映机组当前的最佳运行状况。

由前面的分析可知，应用耗差分析的关键是基准值的正确确定。确定基准值的方法是：

① 对于试验中不宜确定的参数或制造厂已提供的设计参数（如主蒸汽温度、主蒸汽压力、锅炉效率、端差等），应尽量采用设计值。但是有的锅炉汽温会随着负荷降低而降低，因此这时的主蒸汽温度和再热蒸汽温度要根据燃烧调整的结果确定不同负荷下的基准值。

② 对于在试验中比较容易确定的参数（如氧量、真空、飞灰含碳量、煤粉细度等），可以从优化试验的结果中分析得到。

③ 对于真空等参数也可以根据变工况计算，得出不同循环水温、循环水量、机组负荷时计算结果作为基准值。

④ 对于过热器减温水量（如果减温水来自高压加热器出口，减温水量的多少对效率无影响，可不做监控参数）和再热器减温水量，因受锅炉受热面积灰和

运行操作水平的影响较大，这类参数的基准值一般根据燃烧调整结果或参考运行统计资料确定。

6.3.2　耗差分析方法

应用耗差分析的另一关键是耗差分析模型的建立，即建立各参数对机组煤耗影响关系式。针对不同的情况和参数，主要有以下几种方法：

① 基本公式法。适用于锅炉热效率、排烟温度、氧量、飞灰含碳量等影响参数。

② 常规热力计算方法（包括根据热力特性曲线查取影响热耗的方法，一般汽轮机制造商均提供了这方面热力影响曲线）。适用于主蒸汽压力、主蒸汽温度、再热蒸汽温度、排汽压力等。

③ 等效焓降法。适用于热力系统局部变化分析。

④ 试验法。有些参数对煤耗的影响可通过试验确定，例如排汽压力、煤粉细度等。在某考核时间段内，在相同试验条件下，仅改变排汽压力（或煤粉细度），从煤耗量上就可得到这一参数对煤耗的影响幅度。

⑤ 小偏差方法。各汽轮机制造厂、上海发电设备研究所和西安热工研究院等单位，通过研究汽轮机各缸效率对热耗率的影响，结合实际试验数据，得到很多半经验计算公式，便于我们应用。

6.4　耗差分析方法举例

6.4.1　125MW 机组耗差分析方法举例

下面以 100%负荷为例，对耗差分析的方法进行解释。

【例 6-10】 已知：125MW 机组锅炉的设计炉膛出口氧量为 4%，飞灰可燃物 $C_{fh}=4\%$，排烟温度为 149℃，环境基准温度 20℃，设计燃煤收到基灰分 $A_{ar}=23\%$，低位发热量 $Q_{net,ar}=21000$kJ/kg，飞灰占燃料总灰分的份额 $\alpha_{fh}=0.90$，锅炉和管道设计效率 90.5%，热耗率 8499kJ/(kW·h)，厂用电率 7.5%。

解：(1) 厂用电率对煤耗的影响（基本公式法）

厂用电率影响煤耗情况可直接从发电煤耗率和供电煤耗率公式求得。125MW 机组的设计发电煤耗率为

$$b_f=\frac{q}{\eta_{bl}\eta_{gd}\times 29.3076}=\frac{8499}{0.905\times 29.3076}=320.43\text{g/(kW·h)}$$

由于厂用电率设计值普遍偏大，因此在耗差分析时，厂用电率应以考核性试

验确定的厂用电率为基准值。

当厂用电率为7.5%时，供电煤耗率为

$$b_g=\frac{b_f}{1-7.5\%}=\frac{320.430}{1-7.5\%}=346.411\text{g/(kW·h)}$$

当厂用电率增加到9.5%时，供电煤耗率为

$$b_g=\frac{320.430}{1-9.5\%}=354.066\text{g/(kW·h)}$$

所以厂用电率每增加1%，供电煤耗率增加$\frac{354.066-346.411}{2}=3.828\text{g/(kW·h)}$

当厂用电率从7.5%降到6.5%时，供电煤耗率为

$$b_g=\frac{320.43}{1-6.5\%}=342.706\text{g/(kW·h)}$$

所以厂用电率每降低1%，供电煤耗率降低346.411−342.706=3.705g/(kW·h)。

(2) 锅炉效率对煤耗的影响（基本公式法）

对于锅炉效率影响煤耗情况可直接从发电煤耗率和供电煤耗率公式求得。

当锅炉效率从90.5%减少到80.5%时，125MW机组的发电煤耗率从320.430g/(kW·h)增加到$\frac{8499}{0.805\times29.3076}=360.235\text{g/(kW·h)}$，所以锅炉效率每降低10%，发电煤耗平均增加39.81g/(kW·h)；锅炉效率每降低1%，发电煤耗平均增加3.981g/(kW·h)。

(3) 机组热效率对煤耗的影响（基本公式法）

根据发电煤耗率反平衡计算公式

$$b_f=\frac{q}{\eta_{bl}\eta_{gd}\times29.3076}=\frac{3600}{\eta_{bl}\eta_{gd}\eta_m\eta_t\eta_i\eta_g\times29.3076}=\frac{122.83}{\eta_{gd}\eta_{bl}\eta}\text{g/(kW·h)}\quad(6\text{-}16)$$

$$\eta=\eta_m\eta_t\eta_i\eta_g$$

式中 η_{bl}——锅炉效率，%；

η_{gd}——管道效率，%；

η——机组热效率，%。

额定工况下 $\eta=42.36\%$，$b_f=\frac{122.83}{0.905\eta}=\frac{135.724}{0.4236}=320.406\text{g/(kW·h)}$。

当机组热效率降低1%，则

$$b_f=\frac{122.83}{0.905\eta}=\frac{135.724}{0.4136}=328.153\text{g/(kW·h)}$$

所以机组热效率每降低1%，发电煤耗率升高7.747g/(kW·h)。

(4) 电厂热效率对煤耗的影响（基本公式法）

根据发电煤耗率反平衡计算公式

$$b_f=\frac{q}{\eta_{bl}\eta_{gd}\times29.3076}=\frac{3600}{\eta_{bl}\eta_{gd}\eta_m\eta_t\eta_i\eta_g\times29.3076}=\frac{122.83}{\eta_{cp}}\text{g/(kW·h)}\quad(6\text{-}17)$$

式中　$\eta_{cp}=\eta_{gd}\eta_{bl}\eta=\eta_{gd}\eta_{bl}\eta_m\eta_t\eta_i\eta_g$——电厂热效率，%。

额定工况下 $\eta_{cp}=38.336\%$，$b_f=320.404$g/(kW·h)。

当电厂热效率降低1%，则 $b_f=\dfrac{122.83}{0.37336}=328.925$g/(kW·h)。

所以电厂热效率每降低1%，发电煤耗率升高8.581g/(kW·h)。

(5) 汽耗率对煤耗的影响（基本公式法）

根据发电煤耗率反平衡计算公式

$$b_f=\frac{q}{\eta_{bl}\eta_{gd}\times 29.3076}=\frac{d\left[(h_{ms}-h_{fw})+\dfrac{G_{rh}}{G_{ms}}(h_{rhr}-h_{rhl})\right]}{\eta_{bl}\eta_{gd}\times 29.3076}\text{g/(kW·h)}$$

额定工况下 $d=3.06$kg/(kW·h)，$q=8499$kJ/(kW·h)。

所以，$(h_{ms}-h_{fw})+\dfrac{G_{rh}}{G_{ms}}(h_{rhr}-h_{rhl})=2777.451$kJ/(kW·h)

$$b_f=\frac{3.06\times 2777.451}{0.905\times 29.3076}=320.434\text{g/(kW·h)}$$

当汽耗率增加0.1g/(kW·h)时，有

$$b_f=\frac{3.16\times 2777.451}{0.905\times 29.3076}=330.906\text{g/(kW·h)}$$

所以汽耗率每增加0.1g/(kW·h)，发电煤耗率增加10.472g/(kW·h)。汽耗率每增加1%，发电煤耗率增加3.2044g/(kW·h)。

(6) 热耗率对煤耗的影响（基本公式法）

根据发电煤耗率反平衡计算公式

$$b_f=\frac{q}{\eta_{bl}\eta_{gd}\times 29.3076}$$

当热耗率增加1%，则 $b_f=\dfrac{1.01q}{\eta_{bl}\eta_{gd}\times 29.3076}$g/(kW·h)。

发电煤耗率绝对值增加 $\Delta b_f=\dfrac{0.01q}{\eta_{bl}\eta_{gd}\times 29.3076}$g/(kW·h)。

发电煤耗率相对值增加 $\Delta b_f/b_f=0.01=1\%$，即热耗率增加1%，发电煤耗率增加1%，煤耗率增加3.204g/(kW·h)。

在耗差分析中，如果没有特殊注明，一般所谓的煤耗率是指发电煤耗率。

(7) 汽轮机参数等对煤耗的影响（查热力特性曲线法）　对于主蒸汽温度、主蒸汽压力、再热蒸汽温度、再热蒸汽压力、补给水率、真空等参数影响煤耗情况，可从制造厂提供的热力特性修正曲线推导出来。

① 主蒸汽温度影响煤耗情况分析。根据上海汽轮机厂提供的N125-13.24/535/535型中间再热凝汽式汽轮机热力修正曲线，其中初温修正曲线见图6-9，图中三阀全开和两阀全开修正曲线合二为一。

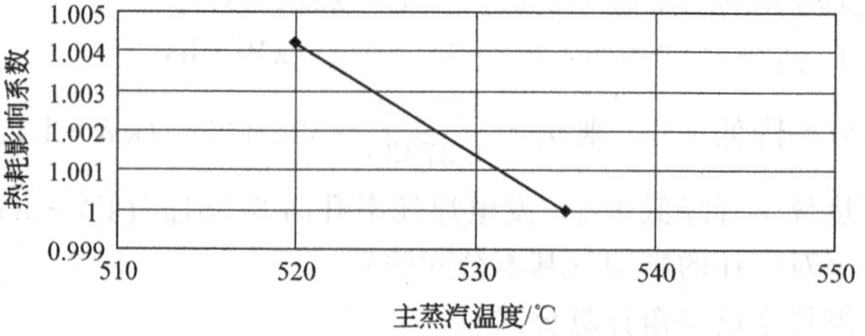

图 6-9 主蒸汽温度对热耗的修正曲线

当主蒸汽温度为 520℃时，热耗修正系数为 1.0042；当主蒸汽温度为 535℃时，热耗修正系数为 1.00，而且主蒸汽温度与热耗率的关系是一条直线。设主蒸汽温度为 x(℃)，热耗修正系数为 y，则主蒸汽温度与热耗率的关系可写为

$$\frac{1.0042-1.00}{520-535}=\frac{1.0042-y}{520-x}$$

化简上式，得 $y=1.1498=0.00028x$。

对 y 求导，则 $y'=-0.00028$，即主蒸汽温度每变化 1℃，热耗变化 0.028%，发电煤耗也随着变化 0.028%。由于设计发电煤耗为 320.430g/(kW·h)，所以主蒸汽温度降低 10℃，发电煤耗率增加 0.897g/(kW·h)。

② 主蒸汽压力影响煤耗情况分析。根据上海汽轮机厂提供的 N125-13.24/535/535 型中间再热凝汽式汽轮机热力修正曲线，其中初压修正曲线见图 6-10，图中为了简化分析，将三阀全开和两阀全开修正曲线合二为一。当主蒸汽压力 12.0MPa 时，热耗修正系数为 1.0083；

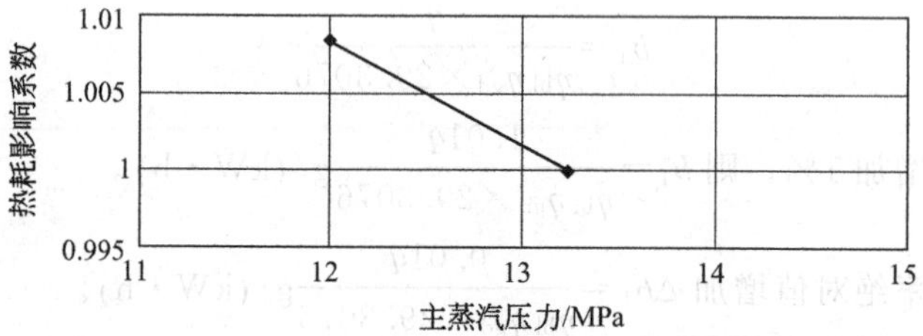

图 6-10 主蒸汽压力对热耗的修正曲线

当主蒸汽压力 13.24MPa 时，热耗修正系数为 1.00，而且主蒸汽压力与热耗率的关系是一条直线。设主蒸汽压力为 x(MPa)，热耗修正系数为 y，则主蒸汽压力与热耗率的关系可写为

$$\frac{1.0083-1.00}{12-13.24}=\frac{1.0083-y}{12-x}$$

化简上式得 $y=1.08862-0.00669x$

对 y 求导，则 $y'=-0.00669$，即主蒸汽压力每变化 1MPa，热耗变化 0.669%，发电煤耗也随着变化 0.669%。由于设计发电煤耗为 320.430g/

(kW・h)，所以主蒸汽压力降低 1MPa，发电煤耗率增加 2.144g/(kW・h)。

③ 再热蒸汽温度影响煤耗情况分析。根据上海汽轮机厂提供的 N125-13.24/535/535 型中间再热凝汽式汽轮机热力修正曲线，其中再热蒸汽温度修正曲线见图 6-11，图中三阀全开和两阀全开修正曲线合二为一。

当再热蒸汽温度为 535℃时，热耗修正系数为 1.00；当再热蒸汽温度为 555℃时，热耗修正系数为 0.996，而且再热蒸汽温度与热耗率的关系是一条直线。设再热蒸汽温度为 x(℃)，热耗修正系数为 y，则再热蒸汽温度与热耗率的关系可写为

$$\frac{1.00-0.996}{535-555}=\frac{1.00-y}{535-x}$$

化简上式得 $y=1.1070-0.0002x$

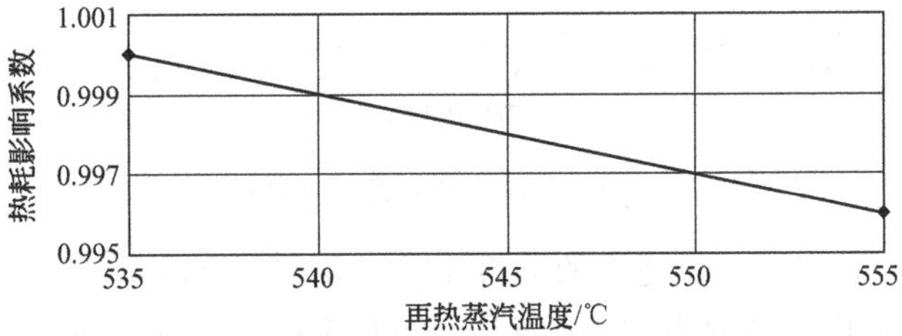

图 6-11　再热蒸汽温度对热耗的修正曲线

对 y 求导，则 $y'=-0.0002$，即再热蒸汽温度每变化 1℃，热耗变化 0.02%，发电煤耗也随着变化 0.020%。由于设计发电煤耗为 320.430g/(kW・h)，所以再热蒸汽温度降低 10℃，发电煤耗率增加 0.641g/(kW・h)。

④ 补给水率影响煤耗情况分析。根据上海汽轮机厂提供的 N125-13.24/535/535 型中间再热凝汽式汽轮机热力修正曲线，其中补给水率修正曲线见图 6-12。当补给水率为 1%时，热耗修正系数为 1.00；当补给水率为 2.8%时，耗修正系数为 1.003，而且补给水率与热耗率的关系是一条直线。设补给水率为 x(%)，热耗修正系数为 y，仅考虑补给水对回热系统的影响（不考虑汽水热损失），则补给水率与热耗率的关系可写为

$$\frac{1.003-1.00}{2.8-1.0}=\frac{1.003-y}{2.8-x}$$

化简上式得　　$y=0.99833+0.001667x$

对 y 求导，则 $y'=-0.001667$，即补给水率变化 1%，热耗变化 0.1667%。由于设计发电煤耗为 320.430g/(kW・h)，所以补给水率增加 1%，发电煤耗率增加 0.534g/(kW・h)。

⑤ 真空影响煤耗情况分析。根据上海汽轮机厂提供的 N125-13.24/535/535 型中间再热凝汽式汽轮机热力修正曲线，其中背压修正曲线见图 6-13。

当背压为 4.9kPa 时，热耗修正系数为 1.00；当背压为 12kPa 时，热耗修正

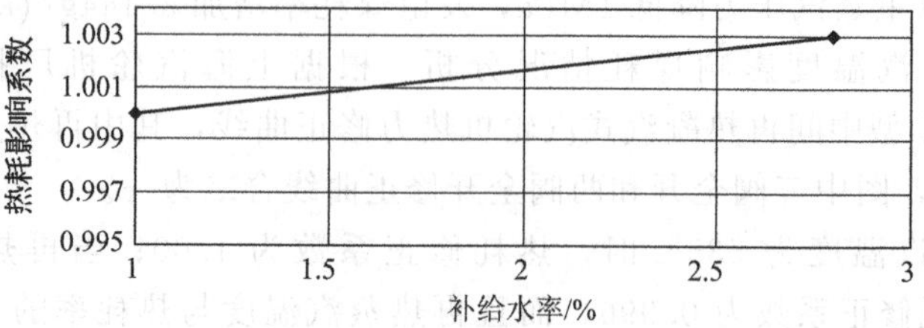

图 6-12　补给水率对热耗的修正曲线

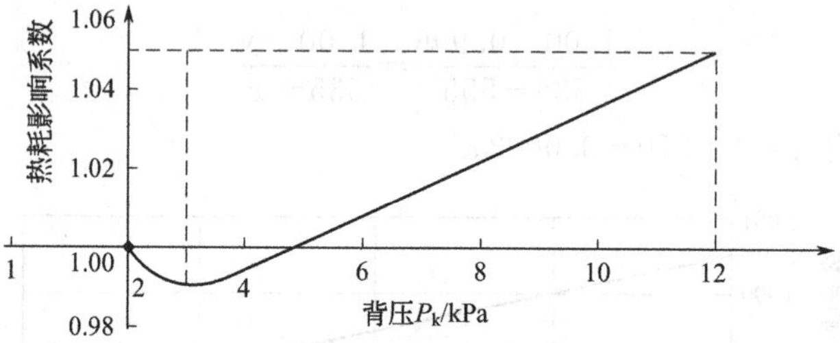

图 6-13　背压对热耗的修正曲线

系数为 1.05，而且真空与热耗率的关系在背压大于 3kPa 时是一条直线。设背压为 x(kPa)，热耗修正系数为 y，则背压与热耗率的关系可写为

$$\frac{1.05-1.00}{12-4.9}=\frac{1.05-y}{12-x}$$

化简上式得　　　　　$y=0.9655+0.00704x$

对 y 求导，则 $y'=-0.00704$，即背压每变化 1kPa 时，热耗变化 0.704%。由于设计发电煤耗为 320.430g/(kW·h)，所以，背压增加 1kPa 时，发电煤耗率增加 2.26g/(kW·h)。

(8) 缸效率对煤耗率的影响（小偏差方法）　分析缸效率对煤耗率的影响一般采用小偏差方法，由于各制造厂提供的小偏差公式复杂，在此只介绍上海发电设备研究所推导的缸效率与机组热耗关系式。热耗率可用下式表示

$$q=\frac{3600Q_b}{Q_h\eta_h+Q_i\eta_i+Q_l\eta_l} \tag{6-18}$$

式中　Q_b——锅炉吸热量；

Q_h——高压缸的折算理想热降；

Q_i——中压缸的折算理想热降；

Q_l——低压缸的折算理想热降；

η_h、η_i、η_l——分别为高、中、低压缸的内效率。

假定锅炉吸热量不变，对该式进行微分，得

$$\frac{dq}{q}=-\left(\frac{Q_h d\eta_h}{Q_h\eta_h+Q_i\eta_i+Q_l\eta_l}+\frac{Q_i d\eta_i}{Q_h\eta_h+Q_i\eta_i+Q_l\eta_l}+\frac{Q_l d\eta_l}{Q_h\eta_h+Q_i\eta_i+Q_l\eta_l}\right)$$

$$=-\left(\frac{P_h}{P_h+P_i+P_l}\times\frac{d\eta_h}{\eta_h}+\frac{P_i}{P_h+P_i+P_l}\times\frac{d\eta_i}{\eta_i}+\frac{P_l}{P_h+P_i+P_l}\times\frac{d\eta_l}{\eta_l}\right)$$

式中　P_h、P_i、P_l——分别为汽轮机的高、中、低压缸的出力。

上式只适用于非再热式机组，且未考虑前缸对后缸的影响，为此需做下列修正：

① 再热后的高压缸内效率变化对热耗的影响减小一些，这是因为高压部分内效率提高后，高压部分出力增加 ΔkW_h，但同时再热器的入口焓下降；在不影响再热器出口状态下，再热器吸热量必须等量增加 $3600\Delta kW_h$，换言之，高压部分效率提高 $\Delta\eta_h$，实际收益仅为

$$\Delta P_h'=\left(1-\frac{3600}{q}\right)\Delta P_h$$

② 中压缸效率提高后，会降低低压缸进汽温度，增加排汽湿度，从而使低压缸部分内效率恶化；而且使低压部分的抽汽量有不同程度的增加，中压缸内效率提高所带来的好处，并不全部转移到机组的热耗上去，因此中压缸内效率部分应乘以小于1的因子β，对于再热凝汽式机组，可取 $\beta=0.70\sim0.75$。

综上所述，再热凝汽式汽轮机组的热耗与各部分内效率的关系式可以写成

$$\delta q=\frac{dq}{q}=-\left[\frac{\left(1-\frac{3600}{q}\right)P_h}{P_h+P_i+P_l}\times\frac{d\eta_h}{\eta_h}+\frac{\beta P_i}{P_h+P_i+P_l}\times\frac{d\eta_i}{\eta_i}+\frac{P_l}{P_h+P_i+P_l}\times\frac{d\eta_l}{\eta_l}\right]$$

如某一125MW机组，额定工况 $\eta_h=79.95\%$、$\eta_i=88.58\%$、$\eta_l=82.44\%$，$P_h=39514\text{kW}$、$P_i=51576\text{kW}$、$P_l=42372\text{kW}$，$P_h+P_i+P_l=133462\text{kW}$，$q=8499\text{kJ/(kW}\cdot\text{h)}$，代入上式得

$$\delta q=-(0.1707\delta\eta_h+0.2802\delta\eta_i+0.3175\delta\eta_l)$$

可见，高压缸内效率每变化1%，热耗就变化0.1707%，煤耗变化0.547g/(kW·h)；中压缸内效率每变化1%，热耗就变化0.2802%，煤耗变化0.898g/(kW·h)；低压缸内效率没变化1%，热耗就变化0.3175%，煤耗变化1.017g/(kW·h)。

(9) 排烟温度对煤耗的影响（基本公式法）

排烟热损失计算公式为　$q_2=(3.55\alpha_{py}+0.44)\times\frac{T_{py}-t_0}{100}$　(6-19)

式中　α_{py}——排烟过量空气系数，即锅炉排烟处的过剩空气系数；

T_{py}——排烟温度，℃；

t_0——基准温度即冷风温度，℃。

从上述公式可以看出排烟温度热损失与排烟温度和冷风温度之差有关。

炉膛过量空气系数　$\alpha=\frac{21}{21-O_2}=\frac{21}{21-4}=1.235$

考虑到炉膛后烟道的漏风（如空气预热器漏风等），排烟过量空气系数

$$\alpha_{py}=\frac{21}{21-O_2}+\Delta\alpha=1.235+0.2=1.435$$

所以 $q_2=(3.55\alpha_{py}+0.44)\times\frac{T_{py}-t_0}{100}=0.05534(T_{py}-t_0)\%$

对 q_2 求导得 $q_2'=0.05534\%$，即排烟温度和冷风温度之差每升高 10℃，锅炉效率降低 0.5534%。由于锅炉效率每降低 1%，发电煤耗平均增加 3.981g/(kW·h)，因此排烟温度每升高 10℃，发电煤耗平均增加 2.203g/(kW·h)。

（10）烟道漏风系数对煤耗的影响（基本公式法）

烟道的漏风系数 $\Delta\alpha$ 增加 0.1 前

$$q_2=(3.55\alpha_{py}+0.44)\times\frac{T_{py}-t_0}{100}=0.05534\times129\%=7.1389\%$$

烟道的漏风系数 $\Delta\alpha$ 增加 0.1，排烟过量空气系数

$$\alpha_{py}=\frac{21}{21-O_2}+\Delta\alpha=1.235+0.2+0.1=1.535$$

则 $q_2=(3.55\alpha_{py}+0.44)\times\frac{T_{py}-t_0}{100}(\%)=0.05889\times129\%=7.5968\%$

$$\Delta q_2=0.4579\%$$

即烟道漏风系数每增加 0.1，锅炉效率降低 0.4579%，发电煤耗平均增加 1.8229g/(kW·h)。

（11）飞灰可燃物对煤耗的影响（基本公式法） 机械未完全燃烧热损失中由于从烟气带出的飞灰含有未参加燃烧的碳所造成的飞灰热损失，其计算公式为

$$q_4=\frac{337.27A_{ar}\alpha_{fh}C_{fh}\times100\%}{Q_{net,ar}(100-C_{fh})} \tag{6-20}$$

根据 125MW 机组设计值得

$$q_4=\frac{337.27\times23\times0.90C_{fh}\times100}{21000\times(100-C_{fh})}\%=\frac{29.551C_{fh}}{100-C_{fh}}\%$$

对 q_4 求导得

$$q_4'=\frac{29.551(100-C_{fh})-29.551\times(-1)}{(100-C_{fh})^2}\%$$

在飞灰可燃物 $C_{fh}=4\%$时，有

$$q_4'=\frac{29.551(100-C_{fh})+29.551}{(100-C_{fh})^2}\%=0.3110\%$$

即飞灰可燃物每升高 1%时，锅炉效率降低 0.311%，发电煤耗平均增加 1.019g/(kW·h)。

（12）辅机单耗对煤耗的影响（基本公式法） 首先要根据单耗和锅炉蒸发量（或磨煤量）换算成计算期内该辅机耗电量，再根据计算期本机组发电量求出该辅机耗电率，然后再与基期该辅机耗电率绝对值比较，也就是说要转换成分析厂

用电率对煤耗的影响。

如某一台125MW机组2005年7月份磨煤机单耗为19.30(kW·h)/t，消耗原煤量20387.0t，发电量4650.71万(kW·h)，则7月份磨煤机耗电量=19.30×20387.0=39.35万(kW·h)，磨煤机耗电率=$\frac{39.35}{4650.71}$×100%=0.846%。

该机组2006年7月份磨煤机单耗为17.54(kW·h)/t，消耗原煤量21214.0t，发电量4667.93万(kW·h)，则7月份磨煤机耗电量=17.54×21214.0=37.21万g/(kW·h)，磨煤机耗电率=$\frac{37.21}{4667.93}$×100%=0.797%。

该磨煤机耗电率同比减少0.049%，又知厂用电率每降低1%，供电煤耗率降低3.705g/(kW·h)，所以，磨煤机单耗降低1.76(kW·h)/t，供电煤耗率降低3.705×0.049=0.182g/(kW·h)。

6.4.2 300MW机组耗差分析方法举例

【例6-11】 已知：某上海制造的1025t/h锅炉（300MW机组），设计燃料特性为C_{ar}=55.21%、H_{ar}=3.34%、O_{ar}=6.34%、N_{ar}=0.93%、S_{ar}=0.88%、A_{ar}=25.8%、M_{ar}=7.5%、V_{daf}=29.82%、$Q_{net,ar}$=21340kJ/kg；锅炉飞灰含碳量C_{fh}=4%，炉膛出口过剩空气系数1.25，空气预热器漏风系数0.10；排烟温度T_{py}=135℃，环境温度t_0=25℃，飞灰占燃料总灰分的份额a_{fh}=0.90。烟道漏风系数为0.10。锅炉和管道设计效率92.5%×99%、热耗率7921kJ/(kW·h)、厂用电率5%。

解：(1) 厂用电率对煤耗的影响（基本公式法） 对于厂用电率影响煤耗情况可直接从发电煤耗率和供电煤耗率公式求得。

设计发电煤耗率为

$$b_f=\frac{q}{\eta_{bl}\eta_{gd}\times 29.3076}=\frac{7921}{0.99\times 0.925\times 29.3076}=295.132\text{g/(kW·h)}$$

当厂用电率为5%时，供电煤耗率为

$$b_g=\frac{295.132}{1-5\%}=310.6653\text{g/(kW·h)}$$

当厂用电率增加到6%时，供电煤耗率为

$$b_g=\frac{295.132}{1-6\%}=313.9702\text{g/(kW·h)}$$

所以厂用电率每增加1%，供电煤耗率增加3.305g/(kW·h)。

(2) 锅炉效率对煤耗的影响（基本公式法） 对于锅炉效率影响煤耗情况可直接从发电煤耗率和供电煤耗率公式求得。

当锅炉效率从92.5%减少到91.5%时，300MW机组的发电煤耗率从295.132g/(kW·h)增加到$\frac{7921}{0.99\times 0.915\times 29.3076}$=298.3579g/(kW·h)，所以

锅炉效率每降低1%，发电煤耗平均增加3.22g/(kW·h)。

(3) 机组热效率对煤耗的影响（基本公式法） 根据发电煤耗率反平衡计算公式 $b_f=\dfrac{122.83}{\eta_{gd}\eta_{bl}\eta}$

额定工况下 $\eta=\dfrac{122.83}{0.925\times0.99\times295.132}=45.448\%$

$$b_f=\frac{122.83}{0.99\times0.925\times0.45448}=295.1296\text{g/(kW·h)}$$

当机组热效率降低1%，$b_f=\dfrac{122.83}{0.99\times0.925\times0.44448}=301.7695\text{g/(kW·h)}$。

所以机组热效率每降低1%，发电煤耗率升高6.6399g/(kW·h)。

(4) 电厂热效率对煤耗的影响（基本公式法） 根据发电煤耗率反平衡计算公式，有 $b_f=\dfrac{122.83}{\eta_{gd}\eta_{bl}\eta}$ (6-21)

额定工况下 $\eta_{cp}=\dfrac{122.83}{295.132}=41.6187\%$，$b_f=295.131\text{g/(kW·h)}$。

当电厂热效率降低1%，则 $b_f=\dfrac{122.83}{0.406187}=302.3977\text{g/(kW·h)}$。

所以电厂热效率每降低1%，发电煤耗率升高7.2659g/(kW·h)。

(5) 汽耗率对煤耗的影响（基本公式法） 根据发电煤耗率反平衡计算公式

$$b_f=\frac{d\left[(h_{ms}-h_{fw})+\dfrac{G_{fh}}{G_{ms}}(h_{rhr}-h_{rhl})\right]}{\eta_{gd}\eta_{bl}\times29.3076} \tag{6-22}$$

在其他条件不变的情况下，汽耗率 d 与发电煤耗率 b_f 成正比，所以当汽耗率每增加1%，发电煤耗率增加1%，即发电煤耗率增加2.9513g/(kW·h)。

(6) 热耗率对煤耗的影响（基本公式法） 根据发电煤耗率反平衡计算公式

$$b_f=\frac{q}{\eta_{gd}\eta_{bl}\times29.3076} \tag{6-23}$$

在其他条件不变的情况下，热耗率 q 与发电煤耗率 b_f 成正比，所以当能耗率每增加1%，发电煤耗率增加1%，即煤耗率增加2.9513g/(kW·h)。

(7) 汽缸效率对煤耗率的影响（小偏差方法） 如某引进型300MW机组，额定工况 $\eta_h=87.07\%$、$\eta_i=92.25\%$、$\eta_l=88.79\%$，$P_h=89550\text{kW}$、$P_i=81859\text{kW}$、$P_l=137570\text{kW}$，$P_h+P_i+P_l=308979\text{kW}$，$q=7921\text{kJ/(kW·h)}$，代入

$$\delta_q=-\left[\frac{\left(1-\dfrac{3600}{q}\right)P_h}{P_h+P_i+P_l}\times\frac{d\eta_h}{\eta_h}+\frac{\beta}{P_h+P_i+P_l}\times\frac{d\eta_i}{\eta_i}+\frac{\beta P_i}{P_h+P_i+P_l}\times\frac{d\eta_l}{\eta_l}\right]$$

得
$$\delta_q=-(0.1581\delta\eta_h+0.1921\delta\eta_i+0.4552\delta\eta_l)$$

可见高压缸内效率每变化 1%，热耗就变化 0.1581%，煤耗变化 0.4666g/(kW·h)；中压缸内效率每变化 1%，热耗就变化 0.1921%，煤耗变化 0.5669g/(kW·h)；低压缸内效率每变化 1%，热耗就变化 0.4452%，煤耗变化 1.3134g/(kW·h)。

根据不同厂家提供的缸效率与热效率关系的计算公式，计算出各种机组高压缸效率 η_h、中压缸效率 η_i、低压缸效率 η_l 变化对机组热耗率 q 变化关系，其结果列于表 6-1。

表 6-1　缸效率变化 1%对机组热效率的影响

机组类型	汽缸效率变化带来的影响			备　注
	η_h 变化/%	η_i 变化/%	η_l 变化/%	
国产 125MW	0.1650	0.3593	0.3148	热工院公式,缸效率为相对变化值
国产 200MW	0.1769	0.3520	0.3084	热工院公式,缸效率为相对变化值
国产 300MW	0.1671	0.3644	0.2747	热工院公式,缸效率为相对变化值
国产 300MW	0.1687	0.3049	0.2789	上海研究院公式,缸效率为绝对变化值
引进型 300MW	0.2065	0.2995	0.5016	上汽厂公式,缸效率为绝对变化值
引进型 300MW	0.1581	0.1921	0.4452	上海研究院公式,缸效率为绝对变化值
引进型 600MW	0.2051	0.2874	0.4492	哈汽厂公式,缸效率为绝对变化值
引进型 600MW	0.2051	0.2814	0.4492	上汽厂公式,缸效率为绝对变化值

(8) 排烟温度对煤耗的影响（基本公式法）

排烟热损耗计算公式

$$q_2=(3.55\alpha_{py}+0.44)\times\frac{T_{py}-t_0}{100} \tag{6-24}$$

式中　α_{py}——排烟过量空气系数，即锅炉排烟处的过剩空气系数；

T_{py}——排烟温度，℃；

t_0——基准温度即冷风温度，℃。

考虑到炉膛后烟道的漏风（如空气预热器漏风等），排烟过量空气系数

$$\alpha_{py}=1.25+\Delta\alpha=1.25+0.1=1.35$$

$$q_2=(3.55\alpha_{py}+0.44)\times\frac{T_{py}-t_0}{100}(\%)=0.05233(T_{py}-t_0)\%$$

对 q_2 求排烟温度的导数得 $q'_2=0.05233\%$，即排烟温度和冷风温度之差每升高℃，锅炉效率降低 0.05233%，发电煤耗平均增加 0.1688g/(kW·h)。

(9) 烟道漏风系数对煤耗的影响（基本公式）

烟道的漏风系数 $\Delta\alpha$ 增加前，有

$$q_2=(3.55\alpha_{py}+0.44)\times\frac{T_{py}-t_0}{100}\%=0.05233\times110\%=5.7563\% \tag{6-25}$$

烟道的漏风系数 $\Delta\alpha$ 增加到 0.2，排烟过量空气系数 $\alpha_{py}=1.35+0.1=1.45$

则 $q_2=(3.55\alpha_{py}+0.44)\times\frac{T_{py}-t_0}{100}\%=0.05588\times110\%=6.1468\%$

$$\Delta q_2=0.3905\%$$

即烟道漏风系数每增加 0.1，锅炉效率降低 0.3905%，发电煤耗平均增加 1.260g/(kW·h)。

(10) 飞灰可燃物对煤耗的影响（基本公式法） 机械未完全燃烧损失中由于从烟气带出的飞灰含有参加燃烧的碳所造成的飞灰热损失，其计算公式为

$$q_4=\frac{337.27A_r\alpha_{fh}C_{fh}\times100\%}{Q_{net,ar}(100-C_{fh})} \tag{6-26}$$

$$q_4=\frac{337.27\times25.8\times0.90C_{fh}\times100\%}{21340\times(100-C_{fh})}=\frac{36.698C_{fh}}{100-C_{fh}}\%$$

$$q_4'=\frac{36.698(100-C_{fh})-36.698\times(-1)}{(100-C_{fh})^2}\%$$

在飞灰可燃物 $C_{fh}=4\%$ 时，

$$q_4'=\frac{36.698(100-C_{fh})-36.698}{(100-C_{fh})^2}\%=0.3863\%$$

即飞灰可燃物每升高 1%时，锅炉效率降低 0.3863%，发电煤耗平均增加 1.2462g/(kW·h)。

6.5 小指标偏离对能耗的影响

同类型的机组的各项小指标偏离标准值对热耗率和发电煤耗率的影响幅度分别见表 6-2～表 6-8（仅供参考）。

表 6-2 50MW 机组参数变化对经济性的影响（额定工况）

序号	参　数	参数变化	对热耗的影响/%	对发电煤耗的影响/[g/(kW·h)]
1	主蒸汽压力	降低 1MPa	1.0972	3.908
2	主蒸汽温度	降低 1℃	0.04297	0.1531
3	真空	降低 1kPa	0.9152	3.260
4	给水温度	降低 1℃	0.03533	0.1258
5	排烟温度	升高 1℃	0.06457	0.230
6	飞灰可燃物	升高 1%	0.3678	1.310
7	厂用电率	升高 1%	1.1046	供电煤耗 4.30
8	补水率	升高 0.1%	0.1324	0.45
9	凝结水过冷度	升高 1℃	0.02738	0.09754

续表

序号	参　　数	参数变化	对热耗的影响/%	对发电煤耗的影响/[g/(kW·h)]
10	凝汽器端差	升高 1℃	0.3266	1.163
11	冷却水流量	减少 1000t/h	0.2173	0.774
12	7 号高压加热器上端差	升高 1℃	0.02053	0.07312
13	6 号高压加热器上端差	升高 1℃	0.01395	0.04967
14	4 号低压加热器上端差	升高 1℃	0.04533	0.1615
15	3 号低压加热器上端差	升高 1℃	0.01502	0.053752
16	2 号低压加热器上端差	升高 1℃	0.02311	0.0823
17	1 号低压加热器上端差	升高 1℃	0.02150	0.0766

注：额定主蒸汽温度 535℃，主蒸汽压力 9.0MPa，汽轮机额定热耗率为 9451.0kJ/(kW·h)，额定工况下发电煤耗率 356.2g/(kW·h)，锅炉效率 92.37%，管道效率 0.98%，厂用电率 8.5%。

表 6-3　100MW 机组参数变化对经济性的影响（额定工况）

序号	参　　数	参数变化	对热耗的影响/%	对发电煤耗的影响/[g/(kW·h)]
1	主蒸汽压力	降低 1MPa	1.1212	3.81
2	主蒸汽温度	降低 1℃	0.0438	0.1488
3	真空	降低 1kPa	0.9417	3.20
4	给水温度	升高 1℃	0.0324	0.110
5	排烟温度	升高 1℃	0.0706	0.240
6	飞灰可燃物	升高 1%	0.3838	1.304
7	厂用电率	升高 1%	0.01094	供电煤耗 4.02
8	补水率	升高 0.1%	0.1324	0.45
9	凝结水过冷度	升高 1℃	0.0274	0.0932
10	凝汽器端差	升高 1℃	0.3677	1.249
11	冷却水入口温度	升高 1℃	0.3677	1.249
12	7 号高压加热器上端差	升高 1℃	0.0249	0.0846
13	6 号高压加热器上端差	升高 1℃	0.0146	0.0496
14	4 号高压加热器上端差	升高 1℃	0.0163	0.0554
15	3 号低压加热器上端差	升高 1℃	0.0158	0.0537
16	2 号低压加热器上端差	升高 1℃	0.0092	0.0313
17	1 号低压加热器上端差	升高 1℃	0.0183	0.0622
18	高压加热器解列		2.642	8.98
19	机组负荷	偏离 10%	1.0152	3.450
20	机组负荷	偏离 20%	2.2188	7.54
21	机组负荷	偏离 30%	3.6460	12.39

注：额定主蒸汽温度 550℃，主蒸汽压力 8.8MPa，汽轮机额定热耗率为 8784.6kJ/(kW·h)，额定工况下发电煤耗率 339.8g/(kW·h)，锅炉效率 90%，管道效率 0.98%，厂用电率 7.5%。

表 6-4　125MW 机组参数变化对经济性的影响（额定工况）

序号	参　　数	参数变化	对热耗的影响/%	对发电煤耗的影响/[g/(kW·h)]
1	主蒸汽压力	降低 1MPa	0.669	2.144
2	主蒸汽温度	降低 1℃	0.0280	0.0897
3	再热蒸汽温度	降低 1℃	0.0200	0.0641
4	真空	降低 1kPa	0.704	2.26
5	给水温度	降低 1℃	0.0344	0.113
6	补水率	升高 1%	0.1667	0.534
7	凝结水过冷度	升高 1℃	0.0125	0.04
8	高压缸效率变化	降低 1%	0.1707	0.5469
9	中压缸效率变化	降低 1%	0.2802	0.8978
10	低压缸效率变化	降低 1%	0.3175	1.0173
11	排烟温度	升高 1℃	0.0688	0.2203
12	飞灰可燃物	升高 1%	0.3180	1.019
13	锅炉效率	降低 1%	1.243	3.981
14	连续排污率(不回收)	升高 1%	0.3496	1.12
15	厂用电率	升高 1%	1.1057	供电煤耗 3.83
16	凝汽器端差	升高 1℃	0.3464	1.110
17	冷却水入口温度	升高 1℃	0.3464	1.110
18	高压加热器解列		2.367	7.59
19	机组负荷	偏离 10%	0.8632	2.77
20	机组负荷	偏离 20%	2.0267	6.49
21	机组负荷	偏离 30%	3.1902	10.22
22	机组热效率	降低 1%	2.4179	7.747
23	电厂热效率	降低 1%	2.6782	8.581

注：设计锅炉和管道效率 90.5%，热耗率 8499kJ/(kW·h)、额定工况下发电煤耗率 320.4g/(kW·h)、厂用电率 7.5%。

表 6-5　200MW 机组参数变化对经济性的影响（额定工况）

序号	参　　数	参数变化	对热耗的影响/%	对发电煤耗的影响/[g/(kW·h)]
1	主蒸汽压力	降低 1MPa	0.4687	1.450
2	主蒸汽温度	降低 1℃	0.0356	0.110
3	再热蒸汽温度	降低 1℃	0.0323	0.10
4	真空	降低 1kPa	1.041	3.221
5	给水温度	降低 1℃	0.0330	0.102
6	排烟温度(送风温度)	升高 1℃	0.0452	0.140

续表

序号	参　　数	参数变化	对热耗的影响/%	对发电煤耗的影响/[g/(kW·h)]
7	飞灰可燃物	升高 1%	0.3744	1.158
8	厂用电率	升高 1%	0.0120	供电煤耗 3.71
9	汽耗率	升高 0.1kg/(kW·h)	3.232	10
10	凝结水过冷度	升高 1℃	0.0274	0.0932
11	凝汽器端差	升高 1℃	0.3669	1.135
12	8 号高压加热器上端差	升高 1℃	0.0221	0.0684
13	7 号高压加热器上端差	升高 1℃	0.0104	0.0322
14	6 号高压加热器上端差	升高 1℃	0.0071	0.0219
15	4 号低压加热器上端差	升高 1℃	0.0079	0.0245
16	3 号低压加热器上端差	升高 1℃	0.0171	0.0529
17	2 号低压加热器上端差	升高 1℃	0.00875	0.0271
18	1 号低压加热器上端差	升高 1℃	0.0175	0.0541
19	再热器减温水	增加 1t/h	0.0356	0.11
20	补水率	升高 1%	0.1357	0.42
21	炉膛出口氧量	升高 0.1%	0.0517	0.16
22	高压加热器解列		2.768	8.5
23	机组负荷	偏离 10%	1.180	3.65
24	机组负荷	偏离 20%	2.498	7.730
25	机组负荷	偏离 30%	3.812	11.80

注：额定主/再蒸汽温度 535℃/535℃，主蒸汽压力 12.7MPa，汽轮机额定热耗率为 8286.8kJ/(kW·h)，额定工况下发电煤耗率 309.4g/(kW·h)，锅炉效率 92.3%，管道效率 0.99%。

表 6-6　300MW 机组参数变化对经济性的影响（额定工况）

序号	参　　数	参数变化	对热耗的影响/%	对发电煤耗的影响/[g/(kW·h)]
1	主蒸汽压力	降低 1MPa	0.5693	1.68
2	主蒸汽温度	降低 1℃	0.0308	0.091
3	再热蒸汽温度	降低 1℃	0.0268	0.079
4	相对再热器压损	升高 1%	0.0891	0.263
5	排汽压力	升高 1kPa	1.0502	3.099
6	高压旁路漏至冷端再热器	增加 1t/h	0.0146	0.043
7	低压旁路漏至凝汽器	增加 1t/h	0.1101	0.325
8	主蒸汽漏至凝汽器	增加 1t/h	0.1230	0.363
9	冷再漏至凝汽器	增加 1t/h	0.0881	0.260

续表

序号	参　数	参数变化	对热耗的影响/%	对发电煤耗的影响/[g/(kW·h)]
10	1号高加危急疏水漏至凝汽器	增加1t/h	0.0210	0.062
11	2号高加危急疏水漏至凝汽器	增加1t/h	0.0146	0.043
12	3号高加危急疏水漏至凝汽器	增加1t/h	0.0105	0.031
13	除氧器放水漏至凝汽器	增加1t/h	0.00576	0.017
14	高压轴封漏汽至冷端再热器	增加1t/h	0.0149	0.044
15	高压轴封漏汽至中压缸	增加1t/h	0.0254	0.075
16	高旁减温水漏至冷端再热器	增加1t/h	0.0213	0.063
17	1段抽汽漏至凝汽器	增加1t/h	0.0989	0.292
18	3段抽汽漏至凝汽器	增加1t/h	0.0905	0.267
19	4段抽汽漏至凝汽器	增加1t/h	0.0722	0.213
20	5段抽汽漏至凝汽器	增加1t/h	0.0535	0.158
21	6段抽汽漏至凝汽器	增加1t/h	0.0376	0.111
22	过热器减温水量	增加1t/h	0.00339	0.010
23	再热器减温水量	增加1t/h	0.0227	0.067
24	高压平衡盘漏汽	增加1t/h	0.0183	0.054
25	高压轴封漏汽	增加1t/h	0.0860	0.254
26	小汽机用汽量	增加1t/h	0.0722	0.213
27	锅炉排污量	增加1t/h	0.0498	0.147
28	锅炉效率	降低1%	1.0932	3.226
29	补水率	增加1%	0.1701	0.502
30	凝结水过冷度	升高1℃	0.0143	0.0422
31	给水温度	降低1℃	0.0373	0.110
32	凝汽器端差	升高1℃	0.3728	1.10
33	高压加热器解列		2.758	8.14
34	高压缸相对内效率	降低1%	0.19075	0.5629
35	中压缸相对内效率	降低1%	0.22148	0.6536
36	低压缸相对内效率	降低1%	0.49387	1.4574
37	1号高压加热器上端差	增加1℃	0.02392	0.07060
38	2号高压加热器上端差	增加1℃	0.01351	0.03986
39	3号高压加热器上端差	增加1℃	0.011185	0.03301
40	5号低压加热器上端差	增加1℃	0.01453	0.04288
41	6号低压加热器上端差	增加1℃	0.01463	0.04318
42	7号低压加热器上端差	增加1℃	0.01063	0.03137

续表

序号	参　　数	参数变化	对热耗的影响/%	对发电煤耗的影响/[g/(kW·h)]
43	8 号低压加热器上端差	增加 1℃	0.01168	0.03446
44	厂用电率	增加 1%		供电煤耗 3.305
45	排烟氧量	变化 1%	0.37963	1.1203
46	飞灰可燃物	增加 1%	0.42230	1.2462
47	排烟温度	增加 1℃	0.057201	0.1688
48	机组负荷	偏离 20%	0.6438	1.90
49	机组负荷	偏离 30%	0.8607	2.54
50	机组负荷	偏离 40%	1.613	4.76

注：汽轮机额定热耗率为 7921kJ/(kW·h)，额定工况下发电煤耗率 295.1g/(kW·h)，锅炉效率 92.5%，管道效率 0.99%，厂用电率 5%。

表 6-7　350MW 机组参数变化对经济性的影响（额定工况）

序号	参　　数	参数变化	对热耗的影响/%	对发电煤耗的影响/[g/(kW·h)]
1	高压缸相对内效率	降低 1%	0.2017	0.578
2	中压缸相对内效率	降低 1%	0.3702	1.061
3	低压缸相对内效率	降低 1%	0.5157	1.478
4	主蒸汽压力	降低 1MPa	0.7021	2.012
5	主蒸汽温度	降低 1℃	0.03064	0.088
6	再热蒸汽温度	降低 1℃	0.0306	0.088
7	再热压损	升高 1%	0.0804	0.2305
8	再热器减温水	升高 1℃	0.02808	0.0805
9	小气轮机用汽量	升高 1t/h	0.0600	0.1720
10	真空	降低 1kPa	0.7136	2.045
11	给水温度	降低 1℃	0.0248	0.0710
12	排烟温度	升高 1℃	0.6489	0.1860
13	飞灰可燃物	升高 1%	0.2138	0.6128
14	厂用电率	升高 1%	1.0581	供电煤耗 3.175
15	预热器漏风率	升高 1%	0.0488	0.1398
16	凝结水过冷度	升高 1℃	0.0169	0.0483
17	循环水入口温度	升高 1℃	0.1907	0.5466
18	补水率	升高 1%	0.0250	0.0717
19	高压加热器解列	升高	4.367	12.516
20	凝汽器端差	升高 1℃	0.2655	0.7610
21	锅炉效率	降低 1%	1.2565	3.601

续表

序号	参　数	参数变化	对热耗的影响/%	对发电煤耗的影响/[g/(kW·h)]
22	机组负荷	偏离 15%	0.7327	2.10
23	机组负荷	偏离 25%	1.5352	4.40
24	机组负荷	偏离 35%	2.9309	8.40
25	机组负荷	偏离 50%	6.1759	17.70

注：额定主/再蒸汽温度 538℃/538℃，主蒸汽压力 16.56Mpa，汽轮机额定热耗率为 7833.5kJ/(kW·h)，额定工况下发电煤耗率 286.6g/(kW·h)，锅炉效率 94.2%，管道效率 0.99%，厂用电率 4.5%。

表 6-8　600MW 机组参数变化对经济的影响（额定工况）

序号	参　数	参数变化	对热耗的影响/%	对发电煤耗的影响/[g/(kW·h)]
1	高压缸相对内效率	降低 1%	0.1763	0.5053
2	中压缸相对内效率	降低 1%	0.3478	0.9968
3	低压缸相对内效率	降低 1%	0.4721	1.3529
4	主蒸汽压力	降低 1MPa	0.7021	2.012
5	主蒸汽温度	降低 1℃	0.03064	0.088
6	再热蒸汽温度	降低 1℃	0.0306	0.088
7	再热损失	升高 1%	0.0804	0.2305
8	再热器减温水	升高 1t	0.01055	0.03025
9	过热器减温水	升高 1t	0.001927	0.005524
10	小气轮机用汽量	升高 1t/h	0.0600	0.1720
11	真空	降低 1kPa	0.7136	2.045
12	给水温度	降低 1℃	0.0248	0.0710
13	排烟温度	升高 1℃	0.6489	0.1860
14	飞灰可燃物	升高 1%	0.2138	0.6128
15	厂用电率	升高 1%	1.0581	供电煤耗 3.175
16	预热器漏风率	升高 1%	0.0488	0.1398
17	凝结水过冷度	升高 1℃	0.0169	0.0483
18	循环水入口温度	升高 1℃	0.1907	0.5466
19	补水率	升高 1%	0.0250	0.0717
20	锅炉排污量	增加 1t/h	0.02483	0.07116
21	1 段抽汽漏至凝汽器	增加 1t/h	0.04999	0.14327
22	2 段抽汽漏至凝汽器	增加 1t/h	0.04587	0.13146
23	3 段抽汽漏至凝汽器	增加 1t/h	0.04660	0.13356
24	4 段抽汽漏至凝汽器	增加 1t/h	0.03784	0.108463

续表

序号	参　　数	参数变化	对热耗的影响/%	对发电煤耗的影响/[g/(kW·h)]
25	5段抽汽漏至凝汽器	增加1t/h	0.03368	0.09654
26	6段抽汽漏至凝汽器	增加1t/h	0.02706	0.077546
27	7段抽汽漏至凝汽器	增加1t/h	0.01944	0.05571
28	8段抽汽漏至凝汽器	增加1t/h	0.01322	0.037879
29	1号高压加热器上端差	增加1℃	0.01351	0.03872
30	2号高压加热器上端差	增加1℃	0.01201	0.03442
31	3号高压加热器上端差	增加1℃	0.02290	0.06562
32	除氧器上端差	增加1℃	0.01917	0.05495
33	5号低压加热器上端差	增加1℃	0.01390	0.03984
34	6号低压加热器上端差	增加1℃	0.01543	0.04421
35	7号低压加热器上端差	增加1℃	0.01248	0.03577
36	8号低压加热器上端差	增加1℃	0.00632	0.01812
37	1号高压加热器疏水端差	增加1℃	0.03624	0.10387
38	2号高压加热器疏水端差	增加1℃	0.02059	0.05900
39	3号高压加热器疏水端差	增加1℃	0.007623	0.02185
40	5号低压加热器疏水端差	增加1℃	0.06268	0.17965
41	6号低压加热器疏水端差	增加1℃	0.01743	0.04996
42	7号低压加热器疏水端差	增加1℃	0.01347	0.03861
43	8号低压加热器疏水端差	增加1℃	0.00527	0.01511
44	主蒸汽泄漏	增加1t/h	0.06239	0.17882
45	再热蒸汽泄漏	增加1t/h	0.05673	0.16259
46	高压加热器解列		4.367	12.516
47	凝汽器端差	增加1℃	0.2655	0.7610
48	锅炉效率	降低1%	1.2565	3.601
49	机组负荷	偏离15%	0.7327	2.10
50	机组负荷	偏离25%	1.5352	4.40
51	机组负荷	偏离35%	2.9309	8.40
52	机组负荷	偏离50%	6.1759	17.70

注：额定主/再蒸汽温度538℃，主蒸汽压力16.56MPa，汽轮机额定热耗率为7833.5kJ/(kW·h)，额定工况下发电煤耗率286.6g/(kW·h)，锅炉效率94.2%，管道效率0.99%，厂用电率4.5%。

参 考 文 献

[1] 李青，张兴营，徐光照．火力发电厂生产指标管理手册．北京：中国电力出版社，2007.
[2] 李勤道，刘志真．热力发电厂热经济性计算分析．北京：中国电力出版社，2008.
[3] 雷铭主编．发电节能手册．北京：中国电力出版社，2005.
[4] 杨继明主编．点检定修管理．北京：中国电力出版社，2009.
[5] 李青，公维平．火力发电厂节能和指标管理技术．第2版．北京：中国电力出版社，2009.
[6] 湖北襄樊发电有限责任公司．300MW火力发电厂岗位规范．北京：中国电力出版社，2004.
[7] 李永玲．火电厂单元机组变负荷运行方式热经济性分析［硕士学位论文］．保定：华北电力大学，2006.
[8] 杨仪波，张燕侠，杨作梁，刘玉莲合编．热力发电厂．北京：中国电力出版社，2010.
[9] 国家电网公司组织制定．国家电网公司电力安全工作规程：火电厂动力部分．北京：中国电力出版社，2008.

化学工业出版社专业图书推荐

书　　名	书号	定价/元
电厂化学概论	15839	49
火电厂金属材料(田跃生)	12191	25
火电厂特种设备安全技术	09900	25
热工仪表及自动控制系统	14428	48
化学运行及事故处理	13781	58
汽轮机运行及事故处理	12313	58
电厂防腐蚀及实例精选	11394	60
火力发电厂水处理与节水技术及工程实例	09001	59